普通高等教育公共基础课系列教材

大学物理实验

孙阿明　刘静　王庆 **编**

西安电子科技大学出版社

内 容 简 介

本书从国内外高等院校"大学物理实验"课程所开设的一百多个课题中精选了 27 个实验选题，并在常规实验的基础上增加了 6 个自主创新型实验选题，内容涉及力学、热学、电磁学、光学以及近代物理学等各个领域。这些选题具有一定的代表性及知识覆盖面，可以适应大学理工科各专业"大学物理实验"课程的教学要求。

本书可作为高等院校"大学物理实验"课程的教材，也可作为中学物理教师及物理工作者的参考书。

图书在版编目(CIP)数据

大学物理实验 / 孙阿明，刘静，王庆编 . —西安：西安电子科技大学出版社，2020.7
ISBN 978 - 7 - 5606 - 5681 - 6

Ⅰ. ① 大…　Ⅱ. ① 孙… ② 刘… ③ 王…　Ⅲ. ① 物理学—实验—高等学校—教材
Ⅳ. ① O4 - 33

中国版本图书馆 CIP 数据核字(2020)第 098040 号

策划编辑　高　樱
责任编辑　蔡雅梅　雷鸿俊
出版发行　西安电子科技大学出版社(西安市太白南路 2 号)
电　　话　(029)88242885　88201467　　　邮　　编　710071
网　　址　www.xduph.com　　　　　　电子邮箱　xdupfxb001@163.com
经　　销　新华书店
印刷单位　陕西天意印务有限责任公司
版　　次　2020 年 7 月第 1 版　2020 年 7 月第 1 次印刷
开　　本　787 毫米×1092 毫米　1/16　印张　13
字　　数　307 千字
印　　数　1～3000 册
定　　价　29.00 元
ISBN 978 - 7 - 5606 - 5681 - 6/O

XDUP 5983001 - 1

＊＊＊如有印装问题可调换＊＊＊

前　言

"大学物理实验"是高等院校理、工、农、医、师范等专业学生的必修基础课程，是学生接受系统实验方法和实验技能训练的开端。该门课程覆盖面广，具有丰富独特的实验思想、方法和手段，同时能提供综合性很强的基本实验技能训练，是培养学生科学实验能力，提高学生科学素养的重要基础课程。该门课程在培养学生严谨的科学态度、活跃的创新意识、理论联系实际和适应科技发展的综合应用能力等方面，具有其他实践类课程不可替代的作用。

本书是根据教育部制定的《大学物理实验课程教学基本要求》，结合编者多年的教学经验，在广泛吸取国内同类教材精华的基础上编写而成的。为了适应"大学物理实验"课程的教学要求，本书在编写过程中注重以下几个方面：

(1) 在每个实验选题的开头均增加了有关该实验的人物概况、历史背景、现实意义、应用前景等人文知识的内容，以扩大学生的知识面，提高学生的阅读兴趣。

(2) 除注重加强基础部分的要求外，部分实验设置了提高要求的选做内容（以"＊"标出），以便于因材施教。

(3) 尽量避免了繁琐的数学推导，注重实验的物理思想、方法及操作技能的阐述，重点放在提高学生实践能力的培养上。

(4) 在精选实验选题的基础上，尽量采用较新的实验仪器及实验方法，以适应大学物理实验教学改革的形势。

(5) 实验数据处理的内容及要求与国际惯例接轨，引入不确定度的有关知识，以适应学生未来工作的需要。

本书绪论及第一、二章由孙阿明编写，第三、四章由刘静编写，第五章及附录由王庆编写，全书由孙阿明统稿。

在本书的编写过程中，我们参考了一些已出版的物理实验教材，在此向有关作者表示感谢。

由于编者学识水平及教学经验有限，书中不足之处在所难免，衷心希望广大读者批评指正。

编者

2020 年 3 月

目 录

绪　　论

一、物理学与物理实验

物理学(Physics)是研究自然界基本规律的科学。"Physics"来源于希腊文,原意为自然的规律。现代观点认为,物理学研究宇宙间物质存在的各种主要的基本形式,揭示物质的性质和结构以及其间相互作用、运动和转化的基本规律。按物质不同的存在形式和不同的运动形式,物理学可分为许多分支学科。例如,基础物理学就是按力学、热学、电磁学、光学、原子物理学进行划分的,但这只是一种粗略的划分,而且随着物理学的发展,新的分支学科还将不断地出现。就物理学和其他科学的关系而言,物理学是一门基础科学,其他自然及工程技术学科中都包含着物理学的过程或现象,且都会用到不少物理学的概念和术语,更重要的是,任何理论都不能和物理学的基本定律相抵触。

物理学所研究的内容决定了物理学是一门以实验为基础的科学。物理学史上的许多事实均说明物理学新概念的确立和新规律的发现都依赖于反复的实验。从牛顿的三大定律、麦克斯韦的电磁场理论、爱因斯坦的相对论、卢瑟福和玻尔的原子模型到薛定谔和海森堡的量子力学,这些定律的发现和理论的形成,无一不是以物理实验为依据,而又都被进一步的实验所证实的。

在牛顿所在的时代,物理学曾经是纯粹的实验科学,当时力学中的理论问题被认为属于数学范畴。随着人类认识能力的逐步深入,20世纪初建立了狭义和广义相对论以及量子力学等思想深刻的物理理论,物理学逐渐地发展成为实验和理论紧密结合的科学。20世纪后半叶,由于电子计算机的发展,既改变了理论物理的工作方式,也扩大了物理实验的涵义,推动了物理学研究的进一步发展。目前物理学已经成为实验物理、理论物理和计算物理三足鼎立的科学。

物理实验技术的新突破和发展,常常促成科学技术的革命,并形成新的生产力。第一届诺贝尔物理学奖得主伦琴发现了X射线,进而使X射线技术在医学、晶体结构分析、无损探伤等多个领域得到广泛的应用;1956年诺贝尔物理学奖得主,美国的肖克莱、布拉顿、巴丁三人在半导体研究的基础上发明了晶体管,大大缩小了广播、通信、电子计算机等电子设备的体积,极大程度地减小了电能消耗,为现代微电子技术的发展奠定了基础。这类实例在物理学发展的历史上不胜枚举。物理实验的思想、方法和技术已经被普遍地应用在自然科学的各个领域和工程技术的各个部门,对于其他学科领域也有着深刻的影响。

二、物理实验课的目的和要求

"大学物理实验"是高等院校理工科各专业(本科)开设的第一门实验课,是对大学生进行实验教育的入门课程。虽然该门课程与"大学物理"的相应内容有着紧密的联系,但物理实验在实验方法、设计思想、理论条件、仪器装置、操作技术、实验的数据处理及误差分析等方面，均有其自身的指导思想和内容，因此应作为一门独立的课程开设。本课程的主要目的是：使学生在物理实验的基本知识、基本方法和基本技能方面得到较为系统的训练；理论联系实际，培养学生初步的实验能力、良好的实验习惯以及严谨的科学作风，使学生具备良好的实验素质，为后继的实验课程乃至走向社会后的工作打好基础。

本课程通过一定数量的力学、热学、分子物理学、电磁学、光学以及其他方面的实验，以期达到以下基本目标：

（1）训练学生使用基本物理实验仪器和装置的能力，包括了解原理、精度等级，学会正确调节操作和读数等。特别要注意加强实验操作技能等实践能力的培养。

（2）让学生学会用实验去观察、分析、研究物理现象和物理规律，以及减小实验误差的方法。

（3）让学生学会一些物理量的常用测量方法。

（4）让学生树立实验也是学习物理知识的重要途径的思想，通过实验加深学生对某些物理现象和规律的认识与理解，以达到与"大学物理"课程相辅相成、相互促进的目的。

（5）在测量误差方面，要求了解随机误差的统计性质、系统误差的性质及其对实验的影响，学会直接测量和间接测量不确定度的初步计算方法，正确表达实验结果，了解由误差评价实验结果的方法，学会分析某项误差对实验结果的影响，了解发现和减小系统误差的途径。要注意了解误差的物理内容，初步建立误差分析的思想。

（6）学会运用有效数字，掌握实验数据记录表格的设计及实验数据的正确记录方法；学会用作图法及简单情况下的一元线性回归处理数据；学习运用估算，建立数量级的观念。

（7）在整个课程中，要着重注意培养学生的实验能力，尤其是进行实验时的动手能力。例如，认识和正确使用仪器装置，安排实验顺序，把握主要的实验条件，判断故障等。

（8）通过整个课程，使学生初步养成良好的实验习惯。例如，在实验前了解实验的目的和特点，在实验中认真地、有条理地调节和测量，遵守操作规程，注意安全，爱护仪器，如实、正确地做实验记录，注意观察实验中出现的现象，判断实验现象和数据的合理性，写出整洁的实验报告等。特别要培养学生在实验的全过程中进行积极思考的习惯。

在完成实验的必做内容后，老师可能还会安排一定的选做内容，让实验能力强、在较短时间内完成规定内容的学生选做。这些内容往往具有一定的深度和难度，有的还具有设计性和综合性。有能力的学生应积极选做，充分利用实验学习时间，进一步提高实验能力。

三、如何学好物理实验课程

为了达到上述目的和要求，学好物理实验课程，为后继课程打好基础，学生应该做到以下三点。

1. 做好实验前的准备工作

与一般的讲授课程不同，实验课是让学生自己动手，完成一定的实验内容，老师只是在关键的地方给予必要的提示和指导。因此，要在有限的课时内完成规定的内容，就必须在实验前做好必要的准备工作（又称为实验预习）。准备工作的主要内容有：课前仔细阅读实验教材及有关资料，了解实验目的，掌握实验的原理、方法，进一步对仪器的性能、特点以及实验的关键所在有一个初步的印象。在此基础上写好简要的预习报告,其内容应包括:实验的原理,有关的原理图及公式的推导、测量数据的记录表格以及实验中的注意事项等。

2. 认真对待实验操作过程

实验操作是物理实验课程学习中最重要的环节,这部分学习内容通常是在课程安排的时间内在实验室完成的。学生进入实验室前应了解实验室的有关规章制度并注意严格遵守,特别是学生实验守则,应该达到能背诵的程度。

学生进入实验室后,首先应对照实验教材检查实验仪器,观察仪器是否齐全或有无损坏,如有缺损,应及时向实验指导老师报告,请求补齐或更换。其次,按实验内容要求进行仪器的搭配和调试。仪器的组合要布局合理、清晰。仪器装备完毕不能急于测试,而应先进行安全检查,通过后方能进入测试阶段。如果对安全检查没有把握(特别是初次实验者),应在老师指导下进行安全检查。测试分两个阶段,第一阶段是粗测,并观察实验现象。当对整个实验过程及测试要求有了定性的了解后,再进入第二阶段的精确测量。

在实验过程中,不要期望总是一帆风顺,出现问题是正常的。遇到问题,首先应把它看作学习的好机会,然后冷静分析、沉着处理。遇到对人身安全和仪器安全没有把握的情况,应在老师的指导下分析处理,这一过程也是培养分析问题和解决问题能力的过程,是物理实验课程学习的重要内容之一。

实验中的测量数据要及时、如实地记录在事先设计好的表格内,不允许用零散的纸片草记,事后再誊写到数据表格里;更不允许凭回忆"追记""更改"。从实验操作到数据记录的各个环节,都要注意培养科学的作风和良好的习惯。

测试结束,应先将实验数据交老师审阅,经获准后方可将仪器设备还原归整,并经老师签字认可后,才能离开实验室。

3. 撰写好实验报告

实验操作结束后,获得的数据应及时进行处理。其内容包括计算、作图、误差分析,并得到最后结果。这些应归纳写成一份实验报告。实验报告应简洁、明了、工整,并包含一定的自我见解。

实验报告内容应包括:

(1)实验名称。

(2)实验目的。

(3)简要原理。它包括简要的文字叙述、主要公式、图表以及必要的说明等。

(4)实验步骤。一般教材上已给出实验步骤的不必重复,自行设计的实验应有关键的步骤及注意事项。

(5)数据表格及数据处理。数据表格要标明物理量和单位。数据要注意有效数字的正确读取和记录。数据处理包括计算、作图、误差分析,并得出实验结果。

(6)讨论或作业。实验讨论要有感而发,不需面面俱到,切忌泛泛而谈。作业则可根据老师的安排而定。

实验报告的具体格式可参考本书的附录。

第一章　测量的不确定度与实验数据处理方法

1.1　测量的误差与不确定度

1.1.1　测量及测量的分类

1. 测量和测量值的单位

　　测量是物理实验的重要手段，研究物理现象、发现物理规律、验证物理原理都离不开测量。测量的实质是将待测的物理量与相应的已知物理量作定量的比较，用已知物理量来表示待测的物理量，这些已知的物理量被称为计量单位。最初使用过程中，计量单位的选择具有一定的任意性。中国历史上，在秦始皇统一六国前，各诸侯国均有自己的度量（计量）单位。秦始皇统一六国后，为便于商贸交流，废除了各诸侯国的度量单位，建立了全国统一的度量衡，推动了社会的进步。当然，历史上世界各国对于同一物理量的计量单位就更多了。以长度为例，就有码、英尺、市尺、米等。为了便于国际贸易及科学文化的交流，世界性的计量单位统一众望所归，因此国际计量大会于 1960 年制定了国际单位制，简称 SI。

　　国际单位制中有七个基本单位，分别是长度单位米（m）、质量单位千克（kg）、时间单位秒（s）、电流强度单位安培（A）、热力学温度单位开尔文（K）、物质的量的单位摩尔（mol）以及发光强度单位坎德拉（cd）；还包括两个辅助单位，即平面角单位弧度（rad）、立体角单位球面度（sr）。其他物理量的单位均可根据定义的方程式由国际单位制的基本单位和辅助单位导出。国际单位制中还包含一些具有专门名称的导出单位，如频率单位赫兹（Hz）、力与重力单位牛顿（N）等，详见本书附录。

　　测量时，待测物理量与已知物理量比较得到的结果称为测量值。例如，某一物体的长度是单位米的 1.645 倍，则该物体长度的测量值为 1.645 米。由此可见，一个测量值应包含数值及单位。

2. 测量的分类

　　测量有不同的分类方法，根据获得测量结果的手段，测量可分为直接测量和间接测量。可以通过相应的测量仪器直接得到测量结果的测量称为直接测量。例如，用米尺测物体的长度，用天平和砝码测物体的质量，用电桥或欧姆表测导体的电阻等，这些都是直接测量。间接测量是指利用直接测得量与被测量之间已知的函数关系，通过计算而得到被测量值的方法。例如，为了测定物体的密度，先测出物体的质量 m 和体积 V，然后用公式 $\rho = m/V$ 计算出密度；要测量导体的电阻 R，可用伏特表测得导体两端的电压 U，用电流表测得通过该导体的电流 I，然后用公式 $R=U/I$ 计算出导体的电阻。类似这样的测量方法，都是间接测量。从上面所举的测量导体电阻的例子可以看出，有的物理量既可以直接测量，也可以间接测量，这取决于使用的仪器和实验的方法。随着科学技术的进步，用于直接测量的仪器越来越多，但在物理实验中，相当多的物理量仍需间接测量。

从测量条件是否相同的角度来看，测量又可分为等精度测量与非等精度测量。对同一被测量，在相同的实验条件下（指同一实验仪器、同一实验方法、同一实验环境、同一实验者等），进行多次重复测量，各次测得结果又有所不同。对于这类测量，不能绝对地判断其中某一次测量比另一次测量更精确，只能认为每次测量的精确程度是相同的，这种具有同样精确程度的测量称为等精度测量。反之，在多次重复测量中，只要上述实验条件中任何一个发生了变化，这种测量便是非等精度测量。非等精度测量的情况比较复杂，本书只讨论等精度测量的数据处理问题。

3. 测量值的有效数字

正确记录测量值是测量的最基本要求，对于标有刻度的量具及实验仪器，测量值应记录能够读到的可靠数字再加上最小刻度以下的一位估计数字，这就是通常所说的有效数字。例如，用米尺测量一张 A4 纸的边长，应能估读到最小刻度（1 mm）的 1/10，所以测量结果应保留到零点几毫米。有效数字末位的最小间隔称为修约间隔，一般取 10 的整数次幂，即测量单位的 $10^{\pm n}$ 倍。但有些仪器的最小刻度间隔并非测量单位的 $10^{\pm n}$ 倍，这就给测量结果有效数字的一致性带来了困难。例如，一只电压表的最小刻度间隔为 0.2 V 或 0.5 V，那么 0.1 V 就是估读数了，如果只保留到这一位，则估计数字与可靠数字保留位数相同，从而产生矛盾。对于这种情况，可以采用其他修约间隔，根据国家标准《数值修约规则与极限数值的表示和判定》（GB/I 8170—2008），修约间隔可取 $10^{\pm n}$ 的 0.2 或 0.5 倍。对于上述例子，可以根据电表指针的宽窄及刻度的疏密确定修约间隔，选取 0.02 V 或 0.05 V 为估读的最小间隔，但不论如何选取，末位应保留到零点零几伏。

用数字式仪表测量，凡是能稳定显示的数字都应记录，其数值的位数就是测量值的有效数字。如果测量值最末位或末两位数字变化不定，则应记录稳定的数值加上一位正在显示的数值。如果有两位以上的数字都变化不定，则应考虑选择更合适的量程或更合适的仪器。

1.1.2　测量的误差与不确定度

凡是可被测量且均有客观存在的实际值的数值，称为真值。测量值 x 与真值 μ 之差被定义为误差。数学表达式为

$$\delta = x - \mu \tag{1.1.1}$$

实践证明，测量结果都有误差，且误差自始至终存在于一切科学实验和测量的过程之中。因为，任何测量仪器、测量方法都不可能绝对正确，测量环境不可能绝对稳定，测量者的观察能力和分辨能力也不可能绝对精细和严密，这就使得测量过程中必然伴随有误差产生。因此，分析测量中可能产生的各种误差，尽可能地消除其影响，并对测量结果中未能消除的误差作出估计，这是科学实验中不可缺少的重要工作。为此，了解和掌握误差的有关知识，学会用有关的误差理论正确分析和处理实验中的测量数据，是基础物理实验课程的重要内容之一。

1. 测量的正确度、精密度和精确度

对同一物理量进行多次的等精度测量，其测量结果不尽相同。用枪打靶就是一个很好的例子。瞄准就好比是测量，图 1.1.1 是不同的射击结果。其中图 1.1.1(a)显示的弹孔分布比较分散，但基本上对称于靶心，这说明测量的正确度较高而精密度不足。图 1.1.1(b)显示的弹孔分布比较集中，但明显整体偏离靶心，这种情况称为精密度较高而正确度不足。图 1.1.1(c)显示的弹孔分布正确度和精密度均很高，这在测量上称为精确度高。在误差分析时，正确度的高低对应于测量的系统误差的大小；精密度的高低对应于测量的随机误差的大小；而精确度的高低则对应于测量结果系统误差和随机误差的综合反映。

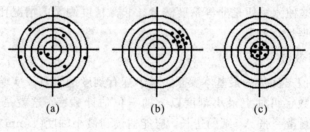

(a)　　　　　　(b)　　　　　　(c)

图 1.1.1

2. 测量的系统误差

图 1.1.1(b)所显示的结果，可能是由于枪的准星不正所引起的。与此类似的情况常见于实际的测量中。例如，米尺本身刻度划分不准，或因环境温度的变化导致米尺本身长度的伸缩引起测量误差；仪表指针在测量前没有调准到零位而引起测量误差；用伏安法测量电阻，由于没有考虑电流表或电压表内阻引起测量误差等。这种类型的误差称之为系统误差。产生系统误差的原因，大致有以下几个方面：

(1) 仪器误差。由于仪器本身的缺陷或未按规定条件使用仪器而造成的误差。如前述的米尺和电表没有校零就属于这一类型。

(2) 理论或方法的误差。由于测量时未能达到公式理想化的条件，或实验方法不完善而带来的误差。例如，用单摆周期公式 $T=2\pi\sqrt{l/g}$ 测量重力加速度时摆角过大；用伏安法测导体电阻时未考虑到电表内阻的影响等。

(3) 环境误差。由于外界环境，如温度、湿度、电场、磁场和大气压强等因素的影响而带来的误差。

(4) 个人误差。由于观测者本身的感官，特别是眼睛或其他器官以及心理因素而导致的习惯性误差。这种误差往往是因人而异的。

要找到系统误差产生的原因，需要对具体的实验进行具体的分析。消除或减小系统误差的主要途径有：

(1) 通过对测量原理与方法的比较和选择，尽可能选择系统误差小的实验方案。

(2) 校准或调整实验仪器，改进实验装置和实验方法。

(3) 分析系统误差的来源，推导出修正公式，对测量结果进行理论上的修正。

当然，发现和减小实验中的系统误差并非轻而易举。这需要实验者不但要深入了解实验的原理、方法与步骤，熟悉使用仪器的特点和性能，还要在实验中不断积累理论知识和

实践经验。

3. 随机误差

由图 1.1.1 可知，即使枪经过校准，发射的子弹也不可能总是从一个弹孔中穿过。每次发射的子弹击中的位置具有随机性，这就是射击的随机误差。在测量中，随机误差与测量的精密度紧密相关，精密度高则随机误差小，精密度低则随机误差大。

随机误差是在对同一被测量进行多次测量过程中，绝对值与符号都以无法预知的方式变化着的误差。这种误差是由于实验中各种因素的微小变化而引起的，如温度、气流、光照强度、电磁场的变化引起的环境变化，观测者在判断、估计读数上的偏差等，使得多次测量值在某一数值附近变化。就某一次测量而言，这种变化完全是随机的，其大小和方向都是难以预测的。但对某个量进行足够多次的测量，随机误差总是按着一定的统计规律分布的。

大量的测量实践表明，多数随机误差的分布具有如下特点：

(1) 绝对值相同的随机误差出现的概率相同，即它们的分布具有对称性。

(2) 当测量次数 n 趋向于无穷大时，各测量值随机误差的和趋向于零，这说明它们的分布具有抵偿性。其数学表达式为

$$\lim_{n \to \infty} \sum_{i=1}^{n} \Delta x_i = 0 \tag{1.1.2}$$

式中：Δx_i 为第 i 次测量的随机误差。

(3) 绝对值小的随机误差出现的概率大，绝对值大的随机误差出现的概率小，即分布具有单峰性。

(4) 绝对值很大的随机误差出现的概率趋向于零，说明其分布是有界的。

具有上述特点的随机误差遵循高斯分布，其标准化的表达式为

$$p(\delta) = \frac{1}{\sigma \sqrt{2\pi}} e^{\frac{-\delta^2}{2\sigma^2}} \tag{1.1.3}$$

式中：δ 为测量的误差；$p(\delta)$ 称为误差的概率密度函数，其分布曲线如图 1.1.2 所示；σ 为曲线上拐点处的横坐标，是表征测量值分散性的重要参量，称为高斯分布的标准偏差。

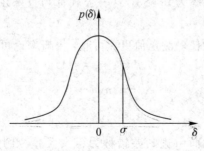

图 1.1.2

概率密度函数 $p(\delta)$ 对随机误差区间 $[-Z, Z]$ 的积分，为随机误差在该区间出现的概率 $P(Z)$，表达式为

$$P(Z) = \int_{-Z}^{Z} p(\delta) \mathrm{d}\delta \tag{1.1.4}$$

$P(Z)$ 在图线上表示为 δ 轴上区间 $[-Z, Z]$ 与曲线围成的面积，如图 1.1.3 所示。

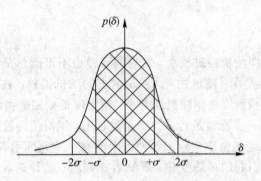

图 1.1.3

由图 1.1.3 中可知,区间 $[-Z, Z]$ 不同,测量值的随机误差出现的概率也不同。$|Z| = \sigma$,置信概率 P_Z 为 0.683;$|Z| = 2\sigma$,P_Z 为 0.954;$|Z| = 3\sigma$,P_Z 为 0.997。置信概率 P_Z 又称为置信度,区间 $[-Z, Z]$ 又称为置信限或置信区间。

事实上,高斯分布只是随机误差分布的一种,常见的误差分布还有 t 分布、均匀分布、χ^2 分布等。

由于随机误差的上述特点,减小随机误差的有效方法是对待测量进行多次测量,用统计方法计算出最佳值,并估计偏差。对物理量 X 进行 n 次等精度测量,得到的 n 个测量值 $x_1, x_2, \cdots, x_n$,称为一个测量列。由于是等精度测量,因而无法断定哪个值更可靠。概率论可以证明其平均值为最佳值,即

$$\overline{x} = \frac{1}{n} \sum_{i=1}^{n} x_i \tag{1.1.5}$$

该值又称为数学期望值,是最可信赖的。

定义该测量列的标准偏差为

$$S_x = \sqrt{\sum_{i=1}^{n} \frac{(x_i - \overline{x})^2}{n-1}} \tag{1.1.6}$$

其统计意义是:当测量次数足够多时(比如 $n > 10$),测量列中任一测量值与平均值的偏离落在区间 $[-S_x, +S_x]$ 的概率为 0.683,这一公式称为贝塞尔公式。在消除系统误差后,当 $n \to \infty$ 时,$\overline{x} \to$ 真值 μ,$S_x \to \sigma$。

最佳值 $\overline{x}$ 比测量列中的任一测量值更加可靠,由概率论可以证明,其标准偏差为

$$S_{\overline{x}} = \sqrt{\sum_{i=1}^{n} \frac{(x_i - \overline{x})^2}{n(n-1)}} = \frac{S_x}{\sqrt{n}} \tag{1.1.7}$$

4. 粗大误差

由于实验者的疏忽大意而引进的差错称为粗大误差。例如,读数或计算出现的错误等。对于这种数据应当予以剔除。

5. 测量的不确定度

由于误差的存在,一个完整的测量结果除包括最可信的量值及单位外,还应包括测量的偏差及可信程度。但长期以来,各国对于测量结果的表述和运算规则不尽统一,为此国际计量委员会 1980 年提出了《关于给定实验不确定度的建议书》,1992 年国际计量大会以及

四个国际组织又制定了《测量不确定度表达指南》。根据上述建议书或指南，要科学、完整地给出不确定度并非易事。为了既具备不确定度的概念，以便今后与科学实验相衔接，又不至于过于复杂、难以操作，我们在基础物理实验课程中做了相应的简化，主要有以下几点：

（1）测量结果的完整表示不仅包括被测量的量值 x_0 及其单位，还要标出测量的总不确定度 U，有可能时，还应标出置信概率。例如，对电阻的测量结果为

$$R=R_0 \pm U=(910.3 \pm 1.4)\Omega \quad (P=0.683) \tag{1.1.8}$$

（2）从估计的方法上，总不确定度 U 分为两类分量，一是对多次测量用统计方法计算出的 A 分量 U_A；二是用其他方法估计出的 B 分量 U_B，用方和根方法合成总不确定度，即

$$U=\sqrt{U_A^2+U_B^2} \tag{1.1.9}$$

（3）当测量次数 $n>5$ 时，可近似地取 $U_A=S_x$。事实上，标准偏差 S_x 和总不确定度中的 A 类分量 U_A 是两个不同的概念，只是当 U_B 可忽略不计时，被测量的真值落在 $\overline{x} \pm S_x$ 范围内的可能性$\geqslant 95\%$。

（4）用其他方法估计的 B 类分量 U_B 简化为仪器的示值误差或基本误差限 $\Delta_{仪}$，这样由式（1.1.9）可得

$$U=\sqrt{S_x^2+\Delta_{仪}^2} \tag{1.1.10}$$

（5）如果 $S_x < \frac{1}{3}\Delta_{仪}$，或估计出的 U_A 对实验的最后结果影响甚小，或只是单次测量，则总不确定度 U 可用仪器的误差 $\Delta_{仪}$ 来表示。

6. 间接测量的结果与不确定度

如前面所述，间接测量是指利用直接测得量与被测量之间已知的函数关系，通过计算而得到被测量值的方法。设间接测量量为

$$y=f(x_1, x_2, \cdots, x_n) \tag{1.1.11}$$

式中：$x_1, x_2, \cdots, x_n$ 为相互独立的直接测量量，若各直接测量量的最佳值为 $\overline{x_1}, \overline{x_2}, \cdots, \overline{x_n}$，则间接测量量 y 的最佳值 $\overline{y}$ 可由下式求得

$$\overline{y}=f(\overline{x_1}, \overline{x_2}, \cdots, \overline{x_n}) \tag{1.1.12}$$

在各直接测量量的不确定度 $U_{x1}, U_{x2}, \cdots, U_{xn}$ 均已知的情况下，可由下式求出间接测量量 y 的不确定度 U_y，即

$$U_y=\sqrt{\left(\frac{\partial f}{\partial x_1}U_{x1}\right)^2+\left(\frac{\partial f}{\partial x_2}U_{x2}\right)^2+\cdots+\left(\frac{\partial f}{\partial x_n}U_{xn}\right)^2}$$

$$=\sqrt{\sum_{i=1}^{n}\left(\frac{\partial f}{\partial x_i}U_{xi}\right)^2} \tag{1.1.13}$$

或相对不确定度：

$$\frac{U_y}{y}=\sqrt{\sum_{i=1}^{n}\left(\frac{\partial \ln f}{\partial x_i}\right)^2 U_{xi}^2} \tag{1.1.14}$$

式（1.1.13）及式（1.1.14）称为间接测量不确定度传递一般情况的通用公式。当函数为和差形式时，采用式（1.1.13）计算绝对不确定度 U_y 比较方便；当函数为积商形式时，采用式（1.1.14）计算相对不确定度 U_y/y 比较方便，求出 U_y/y 后再经换算得出绝对不确定度 U_y。表 1.1.1 给出了常用函数不确定度的传递公式。

表 1.1.1

函 数 形 式	传 递 公 式
$y = ax_1 \pm bx_2$	$U_y = \sqrt{a^2 U_{x_1}^2 + b^2 U_{x_2}^2}$
$y = kx_1 x_2$ 或 $y = kx_1/x_2$	$\dfrac{U_y}{y} = \sqrt{\left(\dfrac{U_{x_1}}{x_1}\right)^2 + \left(\dfrac{U_{x_2}}{x_2}\right)^2}$
$y = \dfrac{x_1^k x_2^m}{x_3^n}$	$\dfrac{U_y}{y} = \sqrt{k^2 \left(\dfrac{U_{x_1}}{x_1}\right)^2 + m^2 \left(\dfrac{U_{x_2}}{x_2}\right)^2 + n^2 \left(\dfrac{U_{x_3}}{x_3}\right)^2}$
$y = \sin x$	$U_y = \lvert \cos x \rvert U_x$
$y = \ln x$	$U_y = \dfrac{U_x}{x}$

在很多情况下,往往只需粗略地估计不确定度的大小,这时也可以用绝对值合成的方法来估计间接测量的不确定度,其计算公式如下

$$\Delta y = \sum_{i=1}^{n} \left| \frac{\partial f}{\partial x_i} \Delta x_i \right| \tag{1.1.15}$$

或

$$\frac{\Delta y}{y} = \sum_{i=1}^{n} \left| \frac{\partial \ln f}{\partial x_i} \Delta x_i \right| \tag{1.1.16}$$

例 1.1.1 已知金属圆环的外径 $d_2 = (3.600 \pm 0.004)$cm,内径 $d_1 = (2.880 \pm 0.004)$cm,高度 $h = (2.575 \pm 0.004)$cm,求金属环的体积 V 和不确定度 U_V。

解 金属圆环的体积为

$$V = \frac{\pi}{4}(d_2^2 - d_1^2)h = \frac{\pi}{4}(3.600^2 - 2.880^2) \times 2.575 = 9.436 \text{ cm}^2$$

对圆环体积公式取对数得

$$\ln V = \ln \frac{\pi}{4} + \ln(d_2^2 - d_1^2) + \ln h$$

其微分式为

$$\frac{\partial \ln V}{\partial d_2} = \frac{2d_2}{d_2^2 - d_1^2}, \quad \frac{\partial \ln V}{\partial d_1} = -\frac{2d_1}{d_2^2 - d_1^2}, \quad \frac{\partial \ln V}{\partial h} = \frac{1}{h}$$

代入式(1.1.14)得

$$\frac{U_V}{V} = \sqrt{\left(\frac{2d_2 U_{d_2}}{d_2^2 - d_1^2}\right)^2 + \left(\frac{2d_1 U_{d_1}}{d_2^2 - d_1^2}\right)^2 + \left(\frac{U_h}{h}\right)^2}$$

$$= \sqrt{\left(\frac{2 \times 3.600 \times 0.004}{3.600^2 - 2.880^2}\right)^2 + \left(\frac{2 \times 2.880 \times 0.004}{3.600^2 - 2.880^2}\right)^2 + \left(\frac{0.004}{2.575}\right)^2}$$

$$= 0.0081$$

所以

$$U_V = V \frac{U_V}{V} = 9.436 \times 0.0081 \approx 0.08 \text{ cm}^3$$

圆环体积的最后结果为

$$V = (9.44 \pm 0.08) \text{cm}^3$$

如上例所示，一般情况下，不确定度只保留一位有效数字，当不确定度首位为1、2时，可保留两位有效数字。最后结果的有效数字应由不确定度来决定，即最后结果的末位应与不确定度的末位对齐，按照四舍五入的原则，去掉多余的位数。

1.2 常用实验数据处理方法

物理实验中测量得到的原始数据，需要通过科学的方法处理，才能得到正确反映事物的客观规律或实验所需测量的量值。实验数据处理不仅是数学运算问题，而且是实验方法的一部分。它以一定的物理模型为基础，以一定的物理条件为依据，所以实验数据处理方法也是物理实验课程要学习的一个重要内容。下面介绍基础物理实验中最常用的几种数据处理方法。

1.2.1 列表法

列表法是将实验得到的数据按一定的规律列成表格，可使物理量之间对应关系清晰、明了，有助于发现实验中的规律，也易于发现实验中的差错，列表又是其他数据处理的基础，所以应当熟练掌握。

1. 列表注意事项

(1) 表格设计要合理、简单明了，便于揭示相关量之间的相互关系，并为进一步的数据处理打下基础。重点要考虑如何能完整地记录原始数据，其次也可适当增加除原始数据以外的栏目，以方便运算，便于检查。

(2) 表格的各标题栏中应注明物理量的名称和单位，数据栏内只记录物理量的数值，不必重复书写单位。

(3) 记录数据要正确反映测量结果的有效数字。

(4) 提供与表格有关的说明和参数。例如，表格的名称、主要仪器的规格及环境温度、湿度、气压等参数。

2. 应用举例

例 1.2.1 记录用伏安法测导体电阻的原始数据，如表1.2.1所示。

表 1.2.1

次数 项目	1	2	3	4	5	6	7	8	9	10
U/V	1.00	2.00	3.00	4.00	5.00	6.00	7.00	8.00	9.00	10.00
I/mA	2.00	4.02	6.02	7.86	9.75	11.84	13.75	16.02	17.88	19.96

1.2.2 作图法

作图法是指把实验数据按自变量和因变量的关系用图线来表示的一种数据表示方法。作图法处理实验数据的优点是：形式简明直观，易显示物理量之间的变化规律。利用图线可方便地找出直线的斜率、曲线的极值、拐点以及周期等特征参量。

1. 作图规则

(1) 作图法处理数据一定要使用坐标纸。坐标纸有等分方格、单对数分度、双对数分度以及极坐标等多种形式。使用时可根据需要选用。最常用的是等分方格坐标纸。

(2) 坐标纸的大小及坐标轴比例的选取，应以能容纳所有的实验数据点和不损失数据的有效数字为依据。坐标纸的最小分格至少与实验数据中最后一位准确数字相当。坐标的起点不一定为原点。通常以图线充满图纸为原则，不要使图线偏于一边或一角。

(3) 坐标轴要标明物理量的名称及单位，还应进行分度并标明分度值。分度值一般取 $10^{\pm n}$、$2\times10^{\pm n}$ 或 $5\times10^{\pm n}$，以便于换算和描点。

(4) 图中的数据点以＋、×、⊙、□、△等符号标出。如果一张图上要同时描绘几条图线，则不同的图线应用不同的符号标记。

(5) 描绘图线可用直尺或曲线尺等工具，按数据点分布的规律绘成直线或光滑曲线。描绘时不必强求图线通过所有数据点，只要实验数据点匀称地分布于图线两侧即可。

但光滑描绘图线的原则不适用于绘制校准曲线。例如，电表校准曲线应将相邻两点之间用直线段连接，完整的图线是折线，这是基于校准的数据得出的，一般认为它是不存在误差的。

(6) 当图线是直线时，作图法常用于求直线的经验公式，这时只要求出斜率 b 和截距 a，就可得到直线方程：

$$y=a+bx \tag{1.2.1}$$

具体做法是：在拟合的直线上取两点 (x_1,y_1) 和 (x_2,y_2)，则

$$b=\frac{y_2-y_1}{x_2-x_1},\ a=\frac{x_2y_1-x_1y_2}{x_2-x_1} \tag{1.2.2}$$

选取的两点相隔要远一些，否则，由于求 a、b 的公式中有减法运算，会增大相对误差。为了使结果更具代表性，通常不取原实验数据点。

(7) 非线性关系的图线在方格坐标纸上为曲线。由于绘制曲线不如绘制直线容易，而且绘制直线的精确度高，因此在可能的情况下，通过适当的变换关系将曲线改成直线，再用作图法来处理实验数据，并求取经验公式中的有关参数。

例如：

① $y=ax^b$，式中 a、b 为常量。通过变换可得

$$\lg y=b\lg x+\lg a$$

即 $\lg y$ 为 $\lg x$ 的线性函数，其直线的斜率为 b，截距为 $\lg a$。

② $y=ae^{-bx}$，式中 a、b 为常量。通过变换可得

$$\ln y=-bx+\ln a$$

即 $\ln y$ 为 x 的线性函数，其直线的斜率为 $-b$，截距为 $\ln a$。

③ $xy=C$，式中 C 为常量。通过变换可得

$$y=c\frac{1}{x}$$

即 y 是 $\frac{1}{x}$ 的线性函数，其直线斜率为 C，截距为 0。

④ $y=\dfrac{x}{a+bx}$，式中 a、b 为常量。通过变换可得

$$\frac{1}{y} = \frac{a+bx}{x} = a\frac{1}{x} + b$$

即 $\frac{1}{y}$ 为 $\frac{1}{x}$ 的线性函数，其直线的斜率为 a，截距为 b。

（8）利用特殊的坐标纸也可将曲线改直。例如，双对数坐标纸、单对数坐标纸、概率统计坐标纸等，由于在基础物理实验教学中使用较少，在此不做赘述。

2. 应用举例

例 1.2.2 将列表法中列举的伏安法测导体电阻的数据用作图法表示，其图线如图 1.2.1 所示。

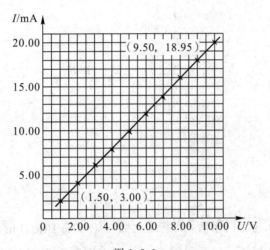

图 1.2.1

被测导体电阻值可由图线求得。具体做法是在直线上任取两点，它们的坐标为（1.50，3.00）和（9.50，18.95），由两点式可求出斜率 k，其倒数即为电阻值：

$$R = \frac{1}{k} = \frac{9.50 - 1.50}{(18.95 - 3.00) \times 10^{-3}} = 502 \ \Omega$$

1.2.3 最小二乘法

用作图法处理实验数据有着相当大的主观性，对于同样的实验数据，用作图法获得的结果往往因人而异。这说明作图法处理数据虽然简单直观，但相对比较粗糙。最小二乘法用数理统计的方法来处理实验数据，因此其结果更为科学、可信。

1. 用最小二乘法拟合直线方程（又称一元线性回归）

直线函数的形式是 $y = a + bx$。线性回归的目的就是根据实验数据求得最佳的截距 a 及斜率 b。设实验测得的数据是：$x_1, x_2, \cdots, x_n; y_1, y_2, \cdots, y_n$。为了简便起见，进一步假定这些数据是在等精度测量中获得的，且自变量的测量误差远小于因变量的测量误差，即可以认为 $x_1, x_2, \cdots, x_n$ 是没有测量误差的，因变量 $y_1, y_2, \cdots, y_n$ 则带有测量误差。因此，测量值与最佳值（回归直线上的对应坐标）的偏差为

$$v_i = y_i - (a + bx_i) \quad (i = 1, 2, \cdots, n) \tag{1.2.3}$$

用最小二乘法原理求截距 a 及斜率 b，应满足偏差的平方和为极小值，即

$$Q = \sum v_i^2 = \sum [y_i - (a + bx_i)]^2 = \min \qquad (1.2.4)$$

Q 为最小值的必要条件是

$$\frac{\partial Q}{\partial a} = 0, \ \frac{\partial Q}{\partial b} = 0 \qquad (1.2.5)$$

根据式(1.2.4)及式(1.2.5)可得

$$\begin{cases} \sum 2[y_i - (a + bx_i)](-1) = 0 \\ \sum 2[y_i - (a + bx_i)](-x_i) = 0 \end{cases} \qquad (1.2.6)$$

整理后得

$$\begin{cases} a + b\bar{x} = \bar{y} \\ a\bar{x} + b\overline{x^2} = \overline{xy} \end{cases} \qquad (1.2.7)$$

式中,

$$\begin{cases} \bar{x} = \frac{1}{n}\sum x_i, \ \bar{y} = \frac{1}{n}\sum y_i \\ \overline{x^2} = \frac{1}{n}\sum x^2, \ \overline{xy} \sum x_i y_i \end{cases} \qquad (1.2.8)$$

由式(1.2.7)解得

$$\begin{cases} \hat{b} = \dfrac{\overline{xy} - \bar{x}\,\bar{y}}{\overline{x^2} - \bar{x}^2} \\ \hat{a} = \bar{y} - b\bar{x} \end{cases} \qquad (1.2.9)$$

式(1.2.9)中的 $\hat{a}$、$\hat{b}$ 称为回归系数,是待定常数 a、b 的最佳估计值。

根据统计理论,还可以进一步计算出 $\hat{a}$ 和 $\hat{b}$ 值的标准偏差 σ_a 和 σ_b。在给出其表达式前,先令

$$\begin{cases} l_{xx} = \sum_{i=1}^{n} (x_i - \bar{x})^2 \\ l_{yy} = \sum_{i=1}^{n} (y_i - \bar{y})^2 \\ l_{xy} = \sum_{i=1}^{n} (x_i - \bar{x})(y_i - \bar{y}) \end{cases} \qquad (1.2.10)$$

则 σ_a 和 σ_b 的表达式为

$$\begin{cases} \sigma_b = \dfrac{\sigma_y}{\sqrt{l_{xx}}} \\ \sigma_a = \sigma_b \sqrt{\overline{x^2}} \end{cases} \qquad (1.2.11)$$

式中,σ_y 为单个测量值的剩余标准偏差,其表达式为

$$\sigma_y = \sqrt{\frac{\sum v_i^2}{n-2}} = \sqrt{\frac{(1-r^2)l_{yy}}{n-2}} \qquad (1.2.12)$$

式中,$v_i = y_i - \hat{a} - \hat{b}x_i$。

2. 相关系数及相关检验

式(1.2.12)中的 r 称为相关系数,其计算式为

$$r = \frac{\sum\limits_{i=1}^{n}(x_i - \overline{x})(y_i - \overline{y})}{\sqrt{\sum\limits_{i=1}^{n}(x_i - \overline{x})^2 \sum\limits_{i=1}^{n}(y_i - \overline{y})^2}} = \frac{l_{xy}}{\sqrt{l_{xx} l_{yy}}} \tag{1.2.13}$$

一般情况下，r 的绝对值落在 $0 \sim 1$ 之间。当 $|r| = 1$ 时，数据点全部落在拟合直线上；当 $|r| \to 0$ 时，数据点杂乱地分散于拟合直线两侧。因此两个变量之间是否线性相关，可以通过计算 r 值来检验。因为任何两组测量值 x_i、y_i 都可以通过式（1.2.9）求得待定常数 $\hat{a}$ 和 $\hat{b}$ 值。但在有些情况下（例如 $|r| \to 0$），两组值根本线性无关，这样求出的回归方程就毫无意义。所以在求得待定常数 $\hat{a}$ 和 $\hat{b}$ 值后，还应计算相关系数 r 值，用来检验两个变量之间是否确实存在线性关系。若检验结果是否定的，则原来的估计和推测就要推翻，而应寻找新的函数关系来重新尝试拟合，直到符合它们的实际情况为止。

通常 $|r|$ 值在 $0 \sim 1$ 之间，那么 $|r|$ 值为多少，用线性方程来拟合才是合理的呢？为此，要确定一个标准，即确定一个 $|r|$ 的最小值 r_0，超过最小值 r_0 就认为线性关系显著，求出的回归系数有效。这个 r_0 值与测量次数有关。表 1.2.2 给出了不同 n 时的 r_0 值。

表 1.2.2

n	3	4	5	6	7	8	9
r_0	0.9998	0.990	0.959	0.917	0.874	0.834	0.798
n	10	11	12	13	14	15	16
r_0	0.765	0.735	0.708	0.684	0.661	0.641	0.623
n	17	18	19	20	21	22	23
r_0	0.606	0.590	0.575	0.561	0.549	0.537	0.526

3. 应用举例

例 1.2.3　用伏安法测量电阻的数据如表 1.2.3 所示，用回归法处理数据。

表 1.2.3

i	$x_i = U/\text{V}$	$y_i = I/\text{mA}$	x_i^2	y_i^2	$x_i y_i$
1	0	0	0	0	0
2	2.00	3.85	4	14.8225	7.7
3	4.00	8.15	16	66.4205	32.6
4	6.00	12.05	36	145.2025	72.3
5	8.00	15.80	64	249.64	126.4
6	10.00	19.90	100	396.01	199.6
$\sum$	$\sum\limits_{i=1}^{6} x_i = 30.0$	$\sum\limits_{i=1}^{6} y_i = 59.75$	$\sum\limits_{i=1}^{6} x_i^2 = 220$	$\sum\limits_{i=1}^{6} y_i^2 = 872.09$	$\sum\limits_{i=1}^{6} x_i y_i = 438.01$

由表中的数据计算得

$$\overline{x} = 5.00, \quad \overline{y} = 9.9583, \quad \overline{x^2} = 36.67$$

$$l_{xx} = \sum_{i=1}^{n} x_i^2 - \frac{1}{n}\left(\sum_{i=1}^{n} x_i\right)^2 = 70$$

$$l_{yy} = \sum_{i=1}^{n} y_i^2 - \frac{1}{n} \left(\sum_{i=1}^{n} y_i \right)^2 = 277.0871$$

$$l_{xy} = \sum_{i=1}^{n} x_i y_i - \frac{1}{n} \left(\sum_{i=1}^{n} x_i \right) \left(\sum_{i=1}^{n} y_i \right) = 139.25$$

相关系数

$$r = \frac{l_{xy}}{\sqrt{l_{xx} l_{yy}}} = 0.999\ 857\ 3$$

由相关系数检验表(表 1.2.2)查得,当 $n=6$ 时,$r_0 = 0.917$。所求得的相关系数 r 大于 r_0,说明回归直线的线性是符合要求的。进一步求得

$$b = \frac{l_{xy}}{l_{xx}} = 1.989\ 285\ 7$$

$$a = \overline{y} - b\overline{x} = 0.011\ 904\ 8$$

所以回归直线可写成

$$y = 0.01190 + 1.9893x$$

$$\sigma_y = \sqrt{\frac{(1-r^2) l_{yy}}{n-2}} = 0.140\ 577\ 1$$

$$\sigma_b = \frac{\sigma_y}{\sqrt{l_{xx}}} = 0.016\ 8$$

$$\sigma_a = \sigma_b \sqrt{\overline{x^2}} = 0.102$$

$\sigma_a > a$,说明回归直线的截距为零,它应通过原点。

因此,我们可以把电流与电压的关系写成

$$I = \frac{1}{R} U$$

即 I 与 U 呈线性关系,斜率为电阻的倒数,即

$$R = \frac{1}{b} = 0.502\ 69 (\text{V/mA}) = 502.69\ \Omega$$

由于

$$\frac{\sigma_R}{R} = \frac{\sigma_b}{b} = \frac{0.016\ 8}{1.989\ 3} = 0.84\%$$

因此有

$$\sigma_R = 502.69 \times 0.84\% = 4.2\ \Omega$$

按照实验结果的表达要求,由回归法求得电阻为

$$R = (503 \pm 4) \Omega$$

说明:本例中原始数据及最后结果的有效数字书写是正确的,中间过程没有按运算法则取舍,在使用计算器的情况下,这样做是完全可行的。

从上面的例子可以看出,一元线性回归运算比较繁琐,但有些计算器具有一元线性回归运算功能,只要按要求正确输入原始数据 x_i、y_i,很快就能得到待定常数 a、b 的最佳估计值以及相关系数 r。

1.2.4 逐差法

当自变量等间隔变化,且两物理量之间呈线性关系时,除可以采用前述的数据处理方法

外，还可以采用逐差法。仍以例 1.2.1 的数据为例，由于电压 U 与电流 I 呈线性关系，当电压 U 按 1 V 等间距变化时，相对于电压变化 1 V 的间距，电流变化的平均值可由下式求出：

$$\bar{I} = \frac{1}{n} \sum_{i=1}^{n-1} (I_{i+1} - I_i)$$

$$= \frac{1}{n} [(I_2 - I_1) + (I_3 - I_2) + \cdots + (I_n - I_{n-1})]$$

$$= \frac{1}{n} (I_n - I_1)$$

从上式可以看出，只有开始和末尾两个数据对结果有贡献，失去了多次测量的意义。为了避免这种情况，平等地运用各次测量值，可以将实验数据按顺序分成相等数量的两组 $(I_1, \cdots, I_k)$ 和 $(I_{k+1}, \cdots, I_{2k})$，取两组数据中对应项之差：$I_j = (I_{k+j} - I_j)$，$j = 1, 2, \cdots, k$，再求平均，即

$$\bar{I} = \frac{1}{k} \sum_{j=1}^{k} I_i = \frac{1}{k} [(I_{k+1} - I_1) + \cdots + (I_{2k} - I_i)]$$

这时相应的电压间隔应为 $U_{k+j} - U$，$j = 1, 2, \cdots, k$。这样的处理充分利用了测量数据，保持了多次测量的优越性。这种方法就是逐差法。

逐差法处理数据一般都列表进行，例 1.2.1 的数据用逐差法处理的结果如表 1.2.4 所示。

表 1.2.4

次数 项目	1	2	3	4	5	6	7	8	9	10
U_i/V	1.00	2.00	3.00	4.00	5.00	6.00	7.00	8.00	9.00	10.00
I_i/mA	2.00	4.02	6.02	7.86	9.75	11.84	13.75	16.02	17.88	19.96
$\Delta_5 I = (I_{i+5} - I_i)/mA$	9.84	9.73	10.00	10.02	10.21					

$\Delta_5 I$ 表示一次逐差，隔 5 项相减。

$$\overline{\Delta_5 I} = \frac{1}{5}(9.84 + 9.73 + 10.00 + 10.02 + 10.21) = 9.96 \text{ mA}$$

由 $I = \dfrac{U}{R}$ 得

$$R = \frac{\Delta U}{\Delta I} = \frac{1.00 \times 5}{9.96 \times 10^{-3}} = 502 \ \Omega$$

上述结果与例 1.2.2 的结果基本一致。

表 1.2.4 显示的逐差法处理数据称为一次逐差。将一次逐差的结果再按顺序分成相等数量的两组，同样按照上面的方法进行处理，称为二次逐差。利用二次逐差可以求得按升幂排列多项式 $y = a_0 + a_1 x + a_2 x^2$ 中自变量平方项的系数 a_2。当然根据需要有时还可能用到三次逐差，其方法可根据上面的介绍加以类推。三次以上的逐差法应用较少，此处不再赘述。

【思考题】

(1) 将下列测量结果用 $x = \bar{x} \pm S_x$ 表示：

① 0.135、0.126、0.138、0.133、0.130、0.129、0.133、0.132、0.132、0.134、0.129、0.136(s)；

② 11.38、11.37、11.38、11.39、11.38、11.37(mm)。

(2) 推导下列间接测量值的不确定度计算公式：

① $N(A, B, C)=A+B-2C$；

② $g(l, T)=4\pi^2\dfrac{1}{T^2}$；

③ $I(R, r, H, T)=\dfrac{mgRr}{4\pi^2 H}T^2$；

④ $E(S, L, \Delta L)=\dfrac{FL}{S\Delta L}$。

(3) 计算下列间接测量的最佳值及不确定度：

① $N=A+B-\dfrac{1}{3}C$

其中，$A=0.576\pm0.002$ cm，$B=85.04\pm0.02$ cm，$C=4.248\pm0.002$ cm。

② $N=\dfrac{4M}{\pi D^2 H}$

其中，$M=236.124\pm0.002$ g，$D=2.345\pm0.005$ cm，$H=4.22\pm0.02$ cm。

③ $g=4\pi^2\dfrac{l}{T^2}$

其中，$T=1.98\pm0.02$ s，$l=97.34\pm0.05$ cm。

(4) 指出下列表达式中的错误，并给出正确的表达式：

① $I=35.564\pm0.03$ mA；

② $R=1.725\pm0.0472$ Ω；

③ $T=11.351\pm0.22$ K；

④ $M=1200$ kg±30 kg；

⑤ $v=3.46\times10^2\pm5.57\times10^4$ m/s。

(5) 弹簧伸长 Δl 和所受拉力 F 的关系为 $F=k\Delta l$，式中 $F=mg$，现测得长度 l 和加载质量 m 的数据如表 1.2.5 所示。试分别用作图法和逐差法求出弹簧的劲度系数 k。

表 1.2.5

m/g	0.0	20.0	40.0	60.0	80.0	100.0
l/cm	20.40	28.25	36.30	44.20	52.15	60.15

(6) 已知铜棒长度随温度变化的关系为 $l=l_0(1+\alpha t)$。试用一元线性回归法由表 1.2.6 中的数据求线胀系数 α。

表 1.2.6

t/℃	10.0	20.0	25.0	30.0	40.0	50.0
l/cm	200.036	200.072	200.080	200.107	200.148	200.160

第二章　力学、热学实验

力学、热学实验基础知识

力学、热学实验中经常需要测量长度(米)、角度(弧度)、质量(千克)、时间(秒)、热力学温度(开尔文)和物质的量(摩尔)等基本物理量，也经常需要测量速度、加速度、动量、角速度、角加速度、转动惯量、角动量、频率、力、力矩、压强、应力、能量、功、热量、功率、能通密度和摄氏温度等导出物理量。有些物理量可以直接测量，有些物理量不能直接测量，只能通过测量其他相关物理量以后经过计算得到。随着科学技术的不断发展，物理实验新仪器不断出现，仪器内可自动完成间接测量的换算过程。力学、热学实验中经常需要测量的物理量的主要有长度、质量、时间、速度、加速度、转动惯量、频率、力、压强、热量、功率和摄氏温度，同样测量这些物理量的测量仪器和量具也必不可少。

1. 长度测量

米尺(或卷尺)、游标卡尺、螺旋测微器、测量显微镜(又称读数显微镜)等是常用的长度测量器具，测量范围一般在几十微米到几十米之间，米尺、卷尺、游标卡尺和螺旋测微器用于对物体进行接触式测量，测量显微镜能够对目标进行非接触式测量，特别适用于对照片等不可接触的对象进行测量。米尺测量的相对误差一般在 1/1000 左右，游标卡尺测量的绝对误差是 0.02 mm，螺旋测微器测量的绝对误差可达 0.001 mm，测量显微镜测量的绝对误差也可达 0.001 mm，但是由于各种各样的原因，实际测量的误差要大一些。

长距离的长度测量可以使用雷达，只要有足够的发射功率，其测量距离几乎没有限制，但要求测距上的介质能够传播无线电波，适用于介质是空气、真空的情况。利用激光可以十分精确地测量距离，但要安装适当的目标反射器，同时要求介质有较好的透光度。

长度测量还有很多间接测量的方法，测量杨氏模量的实验中使用的光杠杆就是利用光学原理把细微的长度变化转换成较大的长度变化，然后测量换算，具体方法参见相关实验内容。

2. 质量测量

天平是称量物体质量的主要仪器。日常生活中经常见到的中国秤、磅秤也都属于测量质量的量具，但它们的精度都远不及天平，所以一般力学实验都使用天平来测量物体的质量。根据测量质量的范围和精度要求，天平也有许多不同的规格，以适应各种场合的要求。例如，托盘天平、物理天平、分析天平、光电天平等。各种天平的测量原理是一样的，而且结构也大体相同。

物理实验中最常用的是物理天平，物理天平的主要部件是横梁，在横梁中央固定一个三棱柱形刀口，刀刃向下，横梁两边装有两个刀口，刀刃向上，用以悬挂托盘。物理天平有一个旋钮，用来升降天平的横梁。横梁下降时，由支柱托住，以免刀口磨损。在横梁两端装有调平螺丝，当天平空载时可用于来调节天平平衡。横梁下有一指针，下端为标尺，用来观察确定天平的水平状态，当横梁水平时，指针位于标尺的中央刻线。在支柱左侧有一个托板，可以托住物体。在天平的底座上装有圆形气泡水准器，用来判断支柱是否铅直，调节两个螺丝可使支柱铅直。天平横梁上有游码标尺和游码，用来称量 1 克以下的物体。在调节天平平衡时，应先将游码置于 0 刻线处。

天平有两个重要的技术指标，即：① 称量（极限负载），是指允许测量的最大质量；② 感应量（又称感量），是指天平指针偏转标尺上的一格时，天平上应增加（或减少）的砝码值。感应量的倒数称为天平的灵敏度。天平的测量误差一般可取感应量的一半。

物理天平使用前要做必要的调整，调节底座螺丝使气泡居中，天平底座就处于水平状态。调节平衡（或调整零点），将游码移至零位，慢慢转动旋钮，升起横梁，指针将左右摆动，观察摆动的平衡点，若平衡点不在标尺中央的 0 刻度线上，应转动旋钮放下横梁调整平衡螺丝，然后再升起横梁，检查平衡点，直至指针位于标尺中央的 0 刻度线处。

和质量相关的一个重要物理量是密度，固体和液体的密度测量可以使用天平等器具完成，气体的密度相对很小，测量比较困难，可以使用声学的方法进行间接测量。

3. 时间测量

力学、热学实验常离不开时间测量，例如单摆实验、复摆实验、黏滞系数实验，牛顿第二定律的验证、动量守恒定律的验证等都涉及时间测量。时间测量按其内容可分为时刻测量和时间间隔（又称时段）测量两类。钟表是测量时刻的仪器；秒表和电子计时器是测量时间间隔的仪器。随着多功能电子计时器的出现，时刻测量和时段测量的仪器区分并非绝对严格。例如，一种电子数字式停表，既可以作为钟表测量时刻，又可以为秒表测量时段。但是力学实验中所遇到的时间测量主要是时段测量，所以力学实验中所介绍的时间测量仪器实际上是时段测量仪器。

秒表有各种规格，机械型秒表的分辨率最高，只有 1/10 秒，相对精度最高为 1/10000。电子型秒表的分辨率一般是 1/100，相对精度一般是 1/100000。使用秒表时要注意切勿碰撞，以免损坏。如果秒表精度不够，会给测量带来较大的系统误差，这时可用数字毫秒计作为标准计时器。

4. 温度和热量的测量

温度和热量是热学实验的两个基本物理量，测量热量和测定温度是热学实验中的基本操作。热学实验中常用的测量仪器有量热器和温度计。

两个温度不同的物体相互接触后，热的物体会变冷，冷的物体会变热，最后两个物体的温度相同，称为热平衡。任意多个物体相互接触，最后都会达到共同的热平衡。热学实验中常用测量热量的方法的依据就是热平衡原理。测量热量所用的基本仪器之一是量热器。量热器是测定物体间热量交换或传递的实验器具。量热器的种类很多，随测量目的、要求、精度的不同而异。

温度计在热学实验中经常用来测量温度。一个系统的温度只有在平衡态时才有意义，因此测量时必须使系统温度达到稳定且均匀。利用温度计测量物体温度的客观依据是达到热平衡的不同物体具有相同的温度。当温度计与被测物体达到热平衡后，温度计的指示值就代表被测物体的温度。温度计的种类很多，凡是具有随着温度改变而改变特性的物体，都可以用来制造温度计。例如，利用体积与温度的关系可以设计制造气体、液体、固体温度计；利用电阻与温度的关系可制成铂电阻温度计、铜电阻温度计和热敏电阻温度计；利用热电动势与温度的关系，可用各种不同材料制成热电偶温度计；利用辐射与温度的关系，可制成光辐射高温度计等。各种不同类型、不同型号的温度计的测量范围也不同，实验时应根据测量温度的不同范围，选取合适的温度计。

物理实验中常用的测温仪器包括水银温度计、热电偶和电阻温度计等。水银温度计的测温范围在 $-30\ ℃\sim200\ ℃$，按照测量的精度分成不同的等级，基准级的水银温度计测量精确度可达 $0.1\ ℃$，精密级的水银温度计测量精确度可达 $0.2\ ℃$，工业级的水银温度计测量精确度可达 $0.5\ ℃$，普通级的水银温度计测量精确度可达 $1\ ℃$。

用两种不同种类的金属线构成环路，当两个接点的温度有差别时，环路中就会产生温差电动势，这种现象叫做塞贝克效应，利用这个效应制成的温度传感器就是热电偶。热电偶结构简单、坚固，测量温度范围大，因此在许多方面得到应用。即使构成环路的金属线非常细，也能用来测量微小的温度变化，而且响应速度很快。热电偶主要用来测量温度差，为了得到正确的温度数值，必须用一种基准温度计对参考点进行修正。由于热电偶的输出信号只有几十微伏每摄氏度，因此必须注意测量方式，同时使用高分辨率的电子电压表，才能得到比较高的精度。常用热电偶的材料构成、测量温度范围和基本特性如表 2.0.1 所示。

表 2.0.1

正端	负端	摄氏温度范围/℃	特 征
镍铬	镍铝锰	$-200\sim1000$	线性度比较好，适用于氧化性强的气体中，耐金属蒸汽
镍铬	镍铜	$-200\sim+700$	热电能大，且为非磁性
铁	镍铜	$-200\sim+600$	热电能稍大，线性度较好，特性和质量的偏差大，易生锈
铜	镍铜	$-200\sim+300$	低温下的特性好，均质性好，适用于还原性强的气体
白金铑	白金	$0\sim+1600$	稳定性好，适宜作为标准热电偶，适用于氧化性强的气体，在氢气、金属蒸汽中性能差，热电能小
钨-铼5%	钨-铼26%	$0\sim+3000$	适用于还原性气体、惰性气体、氢气，热电能比较大，性脆

电阻温度计是利用电阻的温度特性制成的，白金、铜、镍等纯金属的电阻具有每摄氏度 $3/1000\sim6/1000$ 的温度系数。因为白金电阻温度计的线性范围大，时间稳定性特别好，所以在 $-260\ ℃\sim630\ ℃$ 范围内经常作为标准温度计来使用。半导体电阻的温度系数比金属大得多，利用半导体的这种特性制成热敏电阻温度计，优点是灵敏度高，缺点是线性范围小、个体差距大。

随着电子科学技术的飞速发展，实验室使用的电子仪器越来越多，许多物理测量可由电子仪器直接自动完成。力学、热学实验中使用的仪器种类繁多，具体的使用方法将在后续各个实验中介绍。

实验 2.1　物体密度的测量

作为测量质量的主要仪器,天平的种类很多,根据测量精度的不同,有磅秤、托盘天平、物理天平、分析天平,还有精确到 0.1 毫克的电子天平。越精确的天平量程越小,所以在实际使用时,并不是越精确越好,要根据具体的要求采用测量精度与测量范围相适应的天平进行测量。各种天平的测量原理是一样的,而且结构也大体相同,只是细微处的差别造成了测量精度的不同,本节在物理天平的基础上运用巧妙方法来测量物体的密度。

【实验目的】

(1) 掌握物理天平的调节和操作。
(2) 学习固体密度的测量方法。
(3) 学会设计数据记录表格。

【实验原理】

在国际单位制中密度单位是一个导出单位,它是由质量和长度这两个基本物理量构成的。

$$\rho = \frac{M}{V} \tag{2.1.1}$$

式(2.1.1)是大家所熟知的体密度公式,因此物体的密度显而易见需要知道物体的质量和体积,进而可以计算得到其密度。质量可以直接用天平测量。对于规则形状的物体,如长方体、正方体、圆柱体,测量它们的边长或者直径后可以计算得到体积;对于不规则形状的物体,可以用浸入法测量,如图 2.1.1 所示。先将物体用细线系住后悬挂在天平左边,测量得到 M,再用一个烧杯盛上水,放在物理天平托架上,使物体完全悬浮浸没在水里,测量得到 $M_{浮}$,根据阿基米德浮力原理,浸入物体的体积为

$$V = \frac{M - M_{浮}}{\rho_{水}} \tag{2.1.2}$$

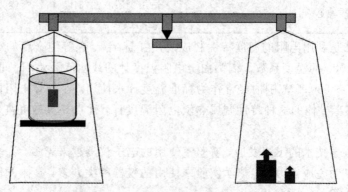

图 2.1.1

【实验仪器】

本实验用到的实验仪器有:物理天平(使用说明详见附录1~附录3)、水、尼龙绳、烧杯、小钢珠、圆柱形样品、不规则形状样品、游标卡尺(使用说明详见附录4)、螺旋测微器。

【实验内容】

(1) 调节天平平衡,包括底座水平和空载时天平横梁两边平衡,使天平处于可工作状态。

(2) 测量圆柱形样品的密度,将测量数据填入表2.1.1中。

表 2.1.1

材料	圆柱形样品			小钢珠	
物理量	质量 M/g	直径 d/mm	高 h/mm	质量 M/g	直径 d/mm
第一组					
第二组					
第三组					
平均值					

① 用游标卡尺测量圆柱体的直径和高,用螺旋测微器测量小钢珠的直径。

② 用物理天平测量圆柱体和小钢珠的质量。

③ 重复测量3组,分别求得平均值后,再根据密度公式计算得到样品的密度。

(3) 测量不规则形状物体的密度。自行设计表格,并将测量数据填入表格中。

① 将样品悬在天平左耳上,浸入水中,测出此时的天平视重。

② 用物理天平称量得到样品的质量。

③ 重复测量3组,求得平均值,计算样品的密度。

(4) 用上述测量不规则形状物体密度的方法再次测量圆柱形样品的密度。用两种方法测量得到的密度,分别与真实值相比较,计算测量值的误差,并分析误差产生的原因。

【思考题】

(1) 天平两边负载不完全相等的时候,天平最后会停止在少许倾斜的位置上,与平衡位置相差一点(通常需要稍微调节游码使得天平平衡),试分析天平横梁倾斜不动时的受力情况。

(2) 如果实验中不规则物体不是铅块,而是塑料泡沫(密度小于水),应该如何测量?

(3) 试设计一个实验,仅使用本实验的仪器,测量甘油的密度。

实验 2.2　杨氏模量的测定

　　力学中常把固体假定为大小与形状都不变的刚体，而实际上任何固体在受到外力作用下都会发生形变，只不过形变的大小不同而已，固体的弹性是由固体内部结构决定的，在一定范围内是线性变化的，类似弹簧一样。虽然不能通过原子的性质来计算物体的弹性，但是可以作定性的分析。原子之间的相互作用力犹如小球之间用弹簧相互连接时所具有的弹力，在弹性限度内，应力和应变成正比，比例系数为杨氏模量，又叫伸长模量，是工程材料中相当重要的一个参量。杨氏模量和物体的密度一样，是其内在属性。众所周知，地震有震波，震波传播包含横波和纵波，其中纵波的传播速度就和传播介质的杨氏模量有关。

【实验目的】

　　(1) 学习使用一种静态的方法测定钢丝的杨氏模量。

　　(2) 学习使用测量微小长度的仪器——光杠杆。

　　(3) 学会用分组求差法和作图法处理数据。

【实验原理】

1. 杨氏模量测定仪简介

　　杨氏模量测定仪包括测定架、光杠杆、标尺望远镜。

　　(1) 光杠杆的结构及测量原理。

　　图 2.2.1 是光杠杆的结构。底面是两个前尖足和一个后尖足，在其上固定有一个平面镜，将两个前尖足放在平台的固定凹槽内，后尖足放在平台孔中的圆柱形螺丝夹(称为活动小平台)上(见图 2.2.2)。当活动小平台上下移动时，光杠杆的后尖足也会随之上下移动，引起平面镜倾斜角度的改变，利用光的反射，可以从远处望远镜内观察到标尺相对位置的改变，从而可以测出活动小平台的移动距离。

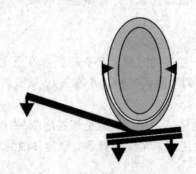

图 2.2.1

　　(2) 测定架的结构。

　　图 2.2.2 为测定架的结构。在支架顶端挂有一根钢丝，钢丝下方挂有砝码托盘，中部

平台的圆孔处有一个固定在钢丝上的圆柱形螺丝夹（活动小平台）。测定架底部设有一个水准器，测量时需要调节水平。

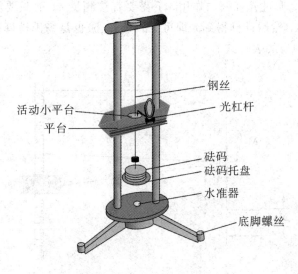

图 2.2.2

2. 杨氏模量测定仪的工作原理

如果待测钢丝的长度为 L，截面积为 S，在外力 F 作用下伸长了 δ，根据胡克定律，在弹性限度内，弹性体的应变与其所受到的应力成正比，可以得到

$$\frac{F}{S} = E \frac{\delta}{L} \tag{2.2.1}$$

式中：E 称为弹性体的杨氏模量，单位为 N/m^2。若钢丝的直径为 d，则可以得到

$$E = \frac{4FL}{\pi d^2 \delta} \tag{2.2.2}$$

从式（2.2.2）中可以看出，对于一定的长度 L、直径 d 和外力 F，杨氏模量大的材料伸长量 δ 就小；反之，杨氏模量小的材料伸长量 δ 就大。由于伸长量比较小而不易测准，所以本实验利用光杠杆的放大作用，尽可能地测准伸长量。

图 2.2.3 为光杠杆的放大作用原理图。初始状态时，镜面 M 处于位置 M_1 上，此时从望远镜中看到由镜面反射的标尺像与叉丝相交于 a_0 点，即光线 a_0O 经过平面镜的反射后进入望远镜中。当向砝码托盘增加砝码 m 后，钢丝相应伸长，光杠杆的后尖足随螺丝夹下降 δ，平面镜也相应转过 θ 角，此时平面镜处于 M_2 位置上，标尺刻度与叉丝相交于 a_m 点，即光线 a_mO' 经过平面镜的反射后进入望远镜中，反射光路方向相同，镜面改变 θ 角，则入射光路相差 2θ 角，由于 θ 很小，所以

$$\theta = \frac{\delta}{b} \tag{2.2.3}$$

同理可得

$$2\theta = \frac{a_m - a_0}{D} \tag{2.2.4}$$

式中，b 为光杠杆前尖足到后尖足的垂直距离，D 为镜面到标尺的距离。由上两式可得

$$\delta = \frac{(a_m - a_0)b}{2D} \tag{2.2.5}$$

式(2.2.5)表明,通过光杠杆的作用,不需要直接测量 δ,而只要测量比它大得多的 3 个量 $a_m - a_0$、b 和 D,然后计算得到 δ 即可。式(2.2.5)也是杨氏模量测定仪、光杠杆和标尺望远镜组合的分辨力的表达式。

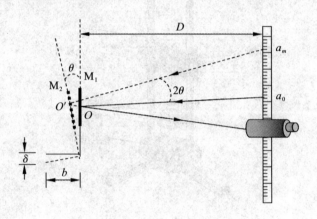

图 2.2.3

由式(2.2.5)可以得到杨氏模量的表达式为

$$E = \frac{8FLD}{\pi(a_m - a_0)b} \tag{2.2.6}$$

若 $F = mg$,则上式可以改写为

$$E = \frac{8mgLD}{\pi d^2(a_m - a_0)b} \tag{2.2.7}$$

【实验仪器】

本实验用到的实验仪器有:杨氏模量测定仪、卷尺、游标卡尺、螺旋测微器、钢丝、砝码(每个 1 kg)。

【实验内容】

(1) 为了避免钢丝原本的弯曲而带来的误差,要先在砝码托盘上加 3 个砝码拉直钢丝。然后调节仪器,使得能从目镜中观察到清晰的叉丝和标尺像。杨氏模量测定仪的调节步骤如下:

① 将光杠杆在杨氏模量测定架的平台上放好,调节其平面镜使得能在望远镜处从平面镜看到标尺。

② 调节标尺望远镜底座的位置,用望远镜上方的准星瞄准平面镜中标尺的像。

③ 调节标尺望远镜的物镜旋钮,使望远镜聚焦在平面镜上,再微调标尺望远镜的位置和倾角,使得目镜中的视野和平面镜成同心圆;然后再调节望远镜的物镜旋钮,直到从目镜中看到清晰的标尺像。

④ 若看不到叉丝,需要调节目镜旋钮,使十字叉丝清晰,然后再微调物镜旋钮,直至能看到清晰的叉丝和标尺为止。注意:初始时叉丝对准的标尺刻度值尽量取小值(即叉丝对准标尺中部),可以稍微调节光杠杆平面镜的倾角达到目的。

（2）观察叉丝横线和标尺像重合的地方，读得初始刻度 a_0，然后在砝码托盘上加 5 个砝码，每加一个砝码读出一个读数，分别是 a_1，a_2，…，a_5。然后，重新读一次 a_5，再将所加砝码一一减去，每减一个读出一个读数，分别是 a_4，a_3，…，a_0。这样往复读取共得到 12 个数据，为一组。

（3）重复实验内容（2），再测两组，将测量数据填入表 2.2.1 中。

表 2.2.1

读数(cm)	第一组	第二组	第三组	平均值
a_0				
a_1				
a_2				
a_3				
a_4				
a_5				

（4）测量光杠杆平面镜到标尺之间的距离 D。

（5）将光杠杆放在白纸上压出 3 个点，然后用游标卡尺测量出后尖足到两个前尖足连线的距离 b。注意：应把光杠杆放在安全的地方，防止其掉到地上摔坏。

（6）测量对应的钢丝长度 L（即钢丝顶端到平台旁边的螺丝夹处）。

（7）用螺旋测微器测量钢丝的直径 d。注意：在不同高度不同方向多测几次。

（8）对测量得到的数据，分别求出平均值 a_0，a_1，…，a_5。然后用逐差法求出 $m=3$ kg 时对应的 (a_m-a_0) 的值，即

$$a_m-a_0=\frac{1}{3}\left[(a_3-a_0)+(a_4-a_1)+(a_5-a_2)\right]$$

根据公式（2.2.7）求出杨氏模量 E。

（9）以 (a_i-a_0) 为横轴，F 为纵轴作图，将得到的斜率 $k=F/(a_m-a_0)$，代入公式（2.2.6）求出杨氏模量 E。

（10）将得到的两个结果分别与钢的杨氏模量的真实值（详见附录 15 表 F.15.9）作比较，并分析误差产生的原因。

注意：从读第一个读数 a_0 开始，直到测出 D，整个实验过程中不能移动实验装置，否则就得重新调整实验仪器并重新测量数据。另外，加减砝码时，不要触碰光杠杆，应该用左手抓牢砝码托盘，右手加减砝码，动作要轻，加减砝码完毕后，左手慢慢松开，让砝码托盘保持平稳。

【思考题】

（1）实验中所使用的标尺望远镜及光杠杆能分辨的最小变化长度分别是多少？

（2）如果实际情况没有钢丝，而只有钢块，试设想一套实验方案测定钢的杨氏模量。

（3）光杠杆平面镜到标尺的距离 D 能不能近一点或者远一点，有没有范围限制，为什么？

实验 2.3　速度和加速度的测量

　　速度和加速度是运动学中重要的物理量,运动规律的研究、运动公式的验证都离不开速度和加速度的测量。所以速度和加速度的测量是力学实验中的重要问题。17 世纪初,伽利略设计了著名的斜面实验,通过对路程、速度等运动学量的测量和计算,证明关于匀加速运动规律的假定和推论是符合实际的,同时还发现了匀加速运动的运动学公式。

　　如今,随着气垫技术的迅速发展,气垫导轨已经成为力学实验的基本设备。利用气垫导轨,可以精确测量物体的瞬时速度、加速度、平均速度。一端垫高而倾斜的气垫导轨为我们提供了一个几乎没有摩擦力的斜面,通过物体沿斜面自由下滑运动,可以方便地重复伽利略当年的工作,研究匀变速运动的规律并测量当地的重力加速度。

【实验目的】

　　(1) 掌握气垫导轨的调节和使用方法。
　　(2) 学会在气垫导轨上测量速度、加速度和平均速度。
　　(3) 测量当地的重力加速度。

【实验原理】

　　作直线运动的物体的平均速度为

$$\bar{v} = \frac{\Delta s}{\Delta t}$$

当 $\Delta t \to 0$ 时,平均速度趋近于一个极限,即物体在该点的瞬时速度为

$$v = \lim_{\Delta t \to 0} \frac{\Delta s}{\Delta t}$$

　　实验中将挡光片安装在滑块上,使其随着滑块在气垫导轨上运动,当其穿过光电门时,电子计时器将会记录并显示通过距离 Δs(也称挡光片宽度)所用的时间,即可算出滑块的平均速度。如果挡光片宽度较小,可将其看作瞬时速度。

　　若将气垫导轨一端垫高,滑块将在气垫导轨上作匀变速直线运动,如图 2.3.1 所示。可在气垫导轨上相距一定距离的两点 A、B 处各放置一个光电门,测量滑块的瞬时速度 v_1、v_2。若测出 A、B 间的距离 s,则滑块在两点间的加速度为

$$a = \frac{v_2^2 - v_1^2}{2s} \tag{2.3.1}$$

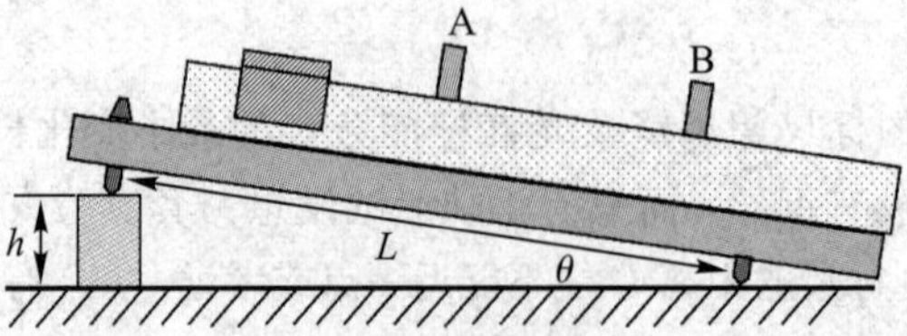

图 2.3.1

当电子计时器的功能选择放在"加速度"挡上时，仪器还能显示滑块经过两个光电门之间的时间，即可计算出滑块的平均速度为

$$\bar{v}=\frac{s}{t}$$

在测量加速度的基础上，还可以测量本地的重力加速度。若不考虑空气阻力，滑块在倾斜的气垫导轨上向下滑行的加速度为

$$a_g=g\sin\theta=g\,\frac{h}{L} \tag{2.3.2}$$

式中：θ 为气垫导轨的倾角；L 为气垫导轨两端间的距离；h 为垫块的高度。实际上由于空气黏滞阻力会产生加速度 a_f，则向下滑行的加速度为

$$a=a_g-a_f=\frac{v_2^2-v_1^2}{2s}$$

利用气垫导轨下端的缓冲弹簧，滑块下行后经由弹簧弹射上行的加速度为

$$a'=a_g+a_f=\frac{v_2'^2-v_1'^2}{2s}$$

可得

$$a_g=\frac{(v_2^2+v_2'^2)-(v_1^2+v_1'^2)}{4s}$$

$$g=\frac{L(v_2^2+v_2'^2-v_1^2-v_1'^2)}{4sh} \tag{2.3.3}$$

实验中利用某未知的实验因素对实验结果的正负效应，通过两个过程最终消除该因素对实验结果影响的方法称作正负补偿法。该方法是实验中常用的方法，其使用条件是：未定因素必须是稳定的，而且由它导致的实验结果的正负效应必须相等，只是符号相反。

【实验仪器】

本实验用到的实验仪器有：气垫导轨（包括附件，使用说明详见附录5）、气源、电子计时器、游标卡尺、卷尺、酒精、脱脂棉或吸水纸。

【实验内容】

（1）实验前要认真阅读附录，搞清仪器的结构原理及使用方法。

（2）打开气源，用沾有少许酒精的脱脂棉清洁气垫导轨及滑块内表面。

（3）将挡光片装在滑块脊上，架好光电门并调节其高度，使挡光片恰好能从光电门的红外发光二极管和光敏三极管中通过，将两个光电门的引线插头分别插入电子计时器的 P_1 和 P_2 插口。

（4）调节气垫导轨水平。

① 粗调：静态调平法。

开启气源，将滑块轻轻置于气垫导轨上，使其自由滑动，若滑块始终向一方运动，则滑块滑动的方向是气垫导轨较低的一端，可调节气垫导轨一端的单底脚螺丝，直到滑块不动或虽有微小滑动但无一定的方向为止，此时即可认为气垫导轨大致水平。

② 细调：动态调平法。

　　在气垫导轨中部相隔一定距离放置两个光电门,将电子计时器的功能定在"碰撞"挡上。轻推一下滑块,使滑块以一定的速度向气垫导轨的一端运动,直到在端点处被弹簧弹回。这样往复一次,电子计时器会依次显示出 4 个时间,分别是滑块先后两次通过第一个和第二个光电门的时间,若其满足如下关系式

$$\Delta t_1 - \Delta t_2 \approx \Delta t_1' - \Delta t_1'$$

即可认为气垫导轨已调节水平。

　　(5) 观察匀速直线运动。在气垫导轨上相隔一定距离的 A、B 两处放置光电门,电子计时器的功能选在"加速度"挡上,轻推一下滑块,使其以一定的初速度运动,先后经过光电门 A、B。从电子计时器上可读出在 A、B 这两个位置上通过挡光片的时间以及通过 A、B 之间的时间。用长度量具测得两光电门之间的距离,就可以算出在位置 A、B 的瞬时速度和距离 AB 上的平均速度。测 5 组数据验证下式是否成立:

$$v_A = v_B = v_{AB}$$

　　(6) 测加速度 a 并验证下式是否成立:

$$v_{AB} = \frac{1}{2}(v_A + v_B), \quad v_{AB} \neq v_C$$

　　用 1 cm 厚的垫片使气垫导轨一端升高。重新调整光电门的高度。将电子计时器的功能选在"加速度"挡上。将 3 个光电门分别放在 A、C、B 位置上,当滑块下滑通过光电门后,电子计时器上将依次显示各个时间,算出通过各点的速度及加速度 a。滑块从同一点出发,共测五组数据。若只有两个光电门,则可先将两个光电门分别置于 A、B 位置上,然后再将一个光电门置于 AB 中点位置 C 上。

　　(7) 测量本地重力加速度。用垫片使气垫导轨一端升高。将两个光电门分别放在相距一定距离的 A、B 两个位置上,电子计时器的功能选择"碰撞"。让滑块从气垫导轨最高处无初速度下滑,经过光电门到达气垫导轨底端,经弹簧片弹射上行再经过光电门,电子计时器上将显示出 4 个时间,重复 5 次记录数据。测量挡光片的宽度,算出速度并求平均值。测量垫片的厚度、两光电门的距离及气垫导轨的长度。用测量值算出重力加速度,并与本地(南京地区 979.44 cm/s²)重力加速度作比较,计算百分误差。

【思考题】

　　(1) 实验中的瞬时速度是近似的,因为该值其实是滑块在一段距离上滑动的平均速度。如果要求测出滑块经过 A 点的准确的瞬时速度,你认为这个实验该怎么做?

　　(2) 实验内容(6)、(7)中为什么要强调滑块每次要从同一点出发?

　　(3) 在实验内容(7)中如何消除空气阻力对实验的影响?

实验 2.4　动量守恒定律的验证

　　动量守恒定律是经典力学中三大守恒定律之一。它比牛顿定律更具普遍性，不仅在经典力学范围内适用，在分子、原子、基本粒子物理学中也仍然有效。其应用非常广泛，遍及各个领域，在现代技术应用中最著名的莫过于火箭的起飞了。因此动量守恒定律在物理学中占有非常重要的地位。

　　一直沿用到今天的"动量"概念是笛卡尔引入的。他所定义的动量是物体的质量和速度的乘积。引入"动量"概念的目的之一，是研究物体在碰撞等过程中所遵循的规律。17 世纪初，物理学家曾集中关注碰撞问题，以探讨物体间相互作用中的具体规律，并得到碰撞过程中动量守恒的结论。

　　本实验利用气垫导轨观察研究一维碰撞的几种情况，验证动量守恒定律。因为滑块在水平导轨上作对心碰撞时，不受其他任何水平方向外力的影响，且所受气流阻力也很小，这就为研究提供了极好的条件。此外，定量研究动量和能量的损失在工程技术中也有重要意义。

【实验目的】

　　(1) 利用气垫导轨研究一维碰撞中完全弹性碰撞和完全非弹性碰撞的特性。

　　(2) 验证动量守恒和能量守恒定律。

【实验原理】

　　如果一个力学系统所受到的合外力为零，则该系统的总动量保持不变，这就是动量守恒定律。也可在某一方向上运用动量守恒定律，若一个力学系统在某方向上所受合外力为零，则该系统的总动量在该方向上的分量守恒。

　　本实验利用两个滑块在水平的气垫导轨上进行碰撞来验证动量守恒定律，如图 2.4.1 所示。当两个滑块在水平导轨上作对心碰撞时，由于气流阻力很小，且不受其他任何水平方向的外力影响，所以这两个滑块组成的力学系统在水平方向上动量守恒。

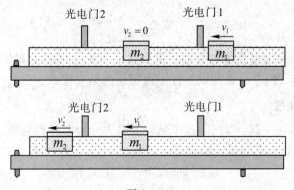

图 2.4.1

牛顿碰撞定律指出，碰撞后两物体的分离速度与碰撞前两物体的接近速度成正比，比值称为恢复系数。表达式为

$$e = \frac{v_2' - v_1'}{v_1 - v_2} \tag{2.4.1}$$

上式中的 4 个量在确定的正方向规定下均取代数值。e 值可由实验测得。当 $e=1$ 时，碰撞称为完全弹性碰撞；$e=0$ 时，为完全非弹性碰撞；$0<e<1$ 时，为非完全弹性碰撞。两个物体的碰撞属性，由相碰物体材料的物质性质决定，与相对运动的速度无关。本实验仅研究前两种碰撞。

1. 完全弹性碰撞

两滑块的碰撞面若装有弹性极好的缓冲弹簧，它们的碰撞过程可近似地看做没有机械能损耗的完全弹性碰撞。因此，碰撞前后系统的动量守恒，动能也守恒，即

$$m_1 v_1 + m_2 v_2 = m_1 v_1' + m_2 v_2'$$

$$m_1 v_1^2 + m_2 v_2^2 = m_1 v_1'^2 + m_2 v_2'^2$$

$$v_1' = \frac{(m_1 - m_2)v_1 + 2m_2 v_2}{m_1 + m_2}$$

$$v_2' = \frac{(m_2 - m_1)v_2 + 2m_1 v_1}{m_1 + m_2}$$

若 $m_1 = m_2$，且 $v_2 = 0$，可得

$$v_1' = 0, \ v_2' = v_1$$

即两滑块碰撞后交换速度，滑块 1 将动量传递给滑块 2 后停止运动，滑块 2 则以滑块 1 原来的速度运动。

若 $m_1 \neq m_2$，但 $v_2 = 0$，可得

$$v_1' = \frac{(m_1 - m_2)v_1}{m_1 + m_2}, \ v_2' = \frac{2m_1 v_1}{m_1 + m_2}$$

即两滑块碰撞后，滑块 2 将沿滑块 1 原来速度的方向运动，滑块 1 的方向则视两滑块质量大小的关系而定。若 $m_1 > m_2$，碰撞后滑块 1 仍沿原来速度的方向运动；若 $m_1 < m_2$，碰撞后滑块 1 将被弹回，沿着与原来速度相反的方向运动。动量损失率为

$$\frac{\Delta p}{p_0} = 1 - \frac{m_1 v_1' + m_2 v_2'}{m_1 v_1} \tag{2.4.2}$$

能量损失率为

$$\frac{\Delta E}{E_0} = 1 - \frac{m_1 v_1'^2 + m_2 v_2'^2}{m_1 v_1^2} \tag{2.4.3}$$

理论上动量损失和能量损失都为零。但实际上由于空气阻力和气垫导轨本身的原因，二者不可能完全为零，但在一定的误差范围内可认为是守恒的。

2. 完全非弹性碰撞

碰撞后两滑块粘在一起，以同一速度运动，即为完全非弹性碰撞。在完全非弹性碰撞中，系统动量守恒，能量不守恒。即有

$$m_1 v_1 + m_2 v_2 = (m_1 + m_2)v$$

式中，v 为两滑块共同的速度。

实验中若使 $m_1 = m_2$，且 $v_2 = 0$，则

$$v = \frac{v_1}{2}$$

若 $m_1 \neq m_2$，但 $v_2 = 0$，则

$$v = \frac{m_1 v_1}{m_1 + m_2}$$

动量损失率为

$$\frac{\Delta p}{p_0} = 1 - \frac{(m_1 + m_2)v}{m_1 v_1} \tag{2.4.4}$$

能量损失率为

$$\frac{\Delta E}{E_0} = \frac{m_2}{m_1 + m_2} \tag{2.4.5}$$

【实验仪器】

本实验用到的实验仪器有：气垫导轨、滑块(2 个)、光电门(2 个)、电子计时器(1 台)、物理天平、气源、游标卡尺、橡皮泥、塑料胶带、砝码(多个)。

【实验内容】

(1) 打开气源，用酒精棉球清洁气垫导轨表面及滑块内表面。

(2) 将电子计时器的功能选在"碰撞"挡。

(3) 调节气垫导轨水平，直至满足 $\Delta t_2 - \Delta t_1 \approx \Delta t_1' - \Delta t_2'$。

(4) 验证完全弹性碰撞时动量守恒。

① $m_1 = m_2$，$v_2 = 0$。

取两只滑块，检查其缓冲弹簧是否正常。调节物理天平，使其处于可使用状态，然后将两滑块(包括各自的挡光片)分别放在天平左右两秤盘中，用橡皮泥配重，调整到两滑块质量相等为止。调节两光电门距离为略大于一个滑块的长度(为了减少实验误差，两光电门距离不可太远)。将滑块 2 置于两光电门之间，使其静止；滑块 1 置于两光电门之外。用滑块 1 碰撞滑块 2。分别记下滑块 1 通过第一个光电门的时间和滑块 2 通过第二个光电门的时间。重复 5 次，记录所测数据。用游标卡尺测出两挡光片的宽度，按公式求出滑块 1 碰撞前的速度和滑块 2 碰撞后的速度，由此计算 e 值、动量损失率和能量损失率。

② $m_1 \neq m_2$，$v_2 = 0$。

在滑块 1 两侧各加两块砝码，用螺丝将它们固定好，并用物理天平测出滑块 1 连同所加砝码的总质量。按实验内容(4)第①条中所述的方法进行碰撞。碰撞后滑块 2 具有速度，其方向同滑块 1 碰撞前的速度方向，滑块 1 则仍沿原方向运动，但是速度很小。从电子计时器上可读出两滑块碰撞前后通过光电门的时间。重复 5 次，记录所测数据。求出各个速度，数据处理要求同实验内容(4)第①条。

③ $m_1 \neq m_2$，滑块 1 和滑块 2 碰撞前作相向运动。

适当增大两光电门之间的距离，将两滑块分别放在两光电门外侧，使两滑块相向运动，碰撞后各自弹回，作背向运动。从电子计时器上读出两滑块碰撞前后通过光电门的时间，其余实验步骤及数据处理要求同实验内容(4)第②条。

（5）验证完全非弹性碰撞时动量守恒（$m_1=m_2$，$v_2=0$）。在两滑块一端的缓冲弹簧上绕上塑料胶带，粘面朝外。实验时操作方法同实验内容（4）第①条，碰撞后两滑块粘在一起向前运动。从电子计时器上读出滑块碰撞前后通过光电门的时间，重复测量 5 次，记录所测数据。算出各个速度，计算动量损失和能量损失。

【思考题】

（1）碰撞前后系统总动量不相等，试分析其原因。

（2）实验操作时，如何调节两光电门之间的距离？这对实验效果有何影响？

实验 2.5 简谐振动的研究

振动是自然界中十分普遍的运动形式。除机械振动(例如摆的运动、一切发声体的运动、机器开动时各部分的微小振动等)之外,分子热运动、电磁运动、晶体中原子的运动等也都属于振动的研究范围,所以对振动进行研究是非常重要且有广泛应用价值的。简谐振动是最简单最基本的振动形式,复杂的振动可归结为简谐振动的合成,所以研究简谐振动是重要的基础。简谐振动还可以作为研究固体的晶格振动、电磁场振荡以及分子振动等问题的重要模型。本实验用气垫导轨上的滑块和弹簧构成弹簧振子,由于空气黏滞阻力与滑块受到的拉力相比可以忽略不计,该系统成为理想的谐振系统。由此从简谐振动出发,对振动现象进行观察并作一些初步的研究。

【实验目的】

(1) 观察导轨上由滑块和弹簧组成的谐振子作简谐振动的现象。
(2) 用实验方法验证弹簧振子的振动周期与系统参量的关系。
(3) 测量弹簧振子的劲度系数和有效质量。
(4) 测量简谐振动的机械能。

【实验原理】

在物体的周期运动中,简谐振动是最简单最基本的振动。当物体受到大小正比于其离开平衡位置的位移,且方向始终指向其平衡位置的力的作用时,物体作简谐振动。

将一滑块连接在两弹簧中间,两弹簧另一端分别固定在导轨的左右两端,即可构成气垫导轨上的弹簧振子。若把滑块拉离平衡位置后松开,滑块就会在两弹簧弹性恢复力作用下,在导轨上作往复运动,如图 2.5.1 所示。

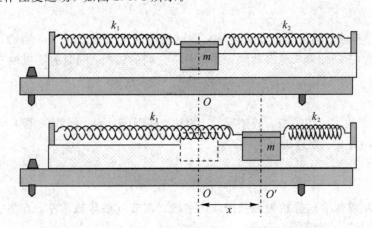

图 2.5.1

设两弹簧的劲度系数为 k_1、k_2,滑块质量为 M,弹簧的有效质量为 m_s,当滑块偏离平

衡位置的距离为 x 时，它所受的弹簧的作用力为 $F = -(k_1 + k_2)x$。其做简谐运动的微分方程可表示为

$$(M + m_s)\frac{d^2x}{dt^2} = -Kx$$

式中，$K = k_1 + k_2$，该方程的解为

$$x = A\sin(\omega t + \phi)$$

式中，A 和 ϕ 分别为振动的振幅和初位相，由起始条件决定；ω 为系统的固有角频率，$\omega = \sqrt{\dfrac{K}{M + m_s}}$；$T$ 是系统的振动周期，满足 $T_0^2 = \dfrac{4\pi^2}{K}(M + m_s)$。

本实验用气垫导轨上的弹簧振子观察简谐振动的主要特性，并通过逐次改变滑块的质量，测量系统对应的振动周期，以考察二者的关系，进而求出弹簧的劲度系数和有效质量。

将滑块质量改变 $2n$ 次，则有 $2n$ 个振动周期与之对应，并满足下式：

$$T_i^2 = \frac{4\pi^2}{K}(m_i + M + m_s), \quad i = 1, 2, \cdots, 2n \tag{2.5.1}$$

用隔项求逐差的方法，消去 $(M + m_s)$ 项，又可得 n 个等式，即

$$T_{n+j}^2 - T_j^2 = \frac{4\pi^2}{K}(m_{n+j} - m_j), \quad j = 0, 1, \cdots, n \tag{2.5.2}$$

可以解得 n 个 K，由此求出弹簧劲度系数平均值 $\overline{K}$。将 $\overline{K}$ 代入式（2.5.1），可解得 $2n$ 个 $M + m_s$，由此求出弹簧有效质量平均值 $\overline{m}_s$。

在实验中任何时刻，系统的振动动能为

$$E_K = \frac{1}{2}(M + m_s)v^2 \tag{2.5.3}$$

系统的弹性势能为

$$E_P = \frac{1}{2}Kx^2 \tag{2.5.4}$$

系统的机械能为

$$E = \frac{1}{2}m\omega^2 A^2 = \frac{1}{2}KA^2 \tag{2.5.5}$$

式中，A、K 均不随时间变化。上式说明，简谐运动的机械能守恒。本实验通过测定在不同位置上滑块的运动速度，观察动能和弹性势能之间的转换，同时验证机械能守恒。

【实验仪器】

本实验用到的实验仪器有：气垫导轨、滑块、砝码（多个）、弹簧（2 根）、光电门、电子计时器、条型挡光片、物理天平。

【实验内容】

（1）用酒精棉球清洁导轨表面及滑块内表面，调节气垫导轨水平，在滑块装上装设条型挡光片。

（2）测量弹簧振子的振动周期，考察振幅和周期的关系。按图 2.5.1 安装好气垫导轨上的弹簧振子，将电子计时器的功能定在"周期"挡上，将一个光电门置于滑块平衡位置附

近，然后将滑块拉离开平衡位置，使其位移 $x=5$ cm。然后松开手，观察弹簧振子作简谐振动的现象，并从仪器上读出 10 个周期的时间，从而求出振动周期 T_0。使振幅分别等于 10 cm、15 cm、20 cm，测量其相应的振动周期 T_2、T_3、T_4，并分析实验结果。

（3）研究振动周期和振子质量之间的关系并求 K 值和 m_s 值。将砝码编号，并用物理天平称出各砝码块的质量及滑块连同条型挡光片的质量 m_1。在滑块两侧依次加上砝码块（注意力矩平衡），对于一个确定的振幅，每增加一个砝码，测量一组周期值（测量 5 次 10 个周期的时间），由此算出 T_1，T_2，…，T_{2n}。算出对应的滑块质量（包括挡光片质量和对应的砝码质量）m_1，m_2，…，m_n，求出弹簧劲度系数平均值和弹簧有效质量平均值。

（4）研究振动系统机械能守恒问题。在滑块上装设 D 型挡光片，将一个光电门置于平衡位置，另一光电门放在距平衡位置位移 $x=15$ cm 处，取振幅 $A=30$ cm，测量滑块在平衡位置和 $A=15$ cm 处的速度 v，测量 5 次，求平均值。再分别计算系统在 $x=0$ cm，$x=15$ cm 和 $x=30$ cm 处的动能和势能，由此验证振动过程中系统机械能守恒。

【思考题】

（1）在气垫导轨上作简谐振动实验，是否必须把气垫导轨调成水平？如果没有调平，滑块是否还作简谐振动？

（2）为什么测周期时要测定多个周期并进行多次测量？

实验 2.6　用三线摆测量转动惯量

转动惯量是物体转动的惯性。物体对于回转轴的转动惯量越大,绕轴转动的角速度就越难改变。物体相对回转轴的转动惯量的大小,不仅与该物体的质量有关,还与形状和回转轴的位置有关。对于质量分布均匀,形状比较规则的物体,可以从外形尺寸及其密度求出其转动惯量;对于外形复杂,质量分布不均匀的物体,其转动惯量只能通过实验的方法测得。通常是观察其回转运动的特点,测量出相关的数据,然后通过简单的运算得到该物体的转动惯量。物体绕回转轴转动的角加速度和回转轴的力矩成正比,和物体的回转轴转动惯量成反比,物体的回转轴转动惯量可以通过测量角加速度和回转轴力矩得到。物体绕回转轴扭转振动的角频率和抗扭转力矩比的平方根成正比,和物体的回转轴转动惯量的平方根成反比,物体的回转轴转动惯量可以通过测量振动的角频率和抗扭转力矩比得到,三线摆法是一种通过研究扭转振动测量转动惯量的方法。

【实验目的】

(1) 了解用三线摆测量刚体转动惯量的基本原理。
(2) 学习用三线摆测量刚体的转动惯量的方法。
(3) 验证转动惯量的平行轴定理。

【实验原理】

图 2.6.1 是三线摆的机械原理图,两个圆盘用三条等长的细线连接起来,上下盘面保持水平状态,上下盘面的圆心在同一铅垂线上,三条细线的张力相等。如果向上盘附加一个初始策动角位移,则下盘在细线张力和自身重力的作用下将在水平面内作扭转振动,同时也有垂直升降运动。

当下盘偏离平衡位置转动角度 θ 时,细线张力在下盘水平面内的分力 F 如图 2.6.2 所示,其表达式为

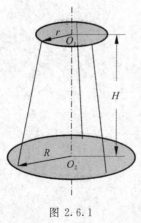

图 2.6.1　　　　　　　　　　　　图 2.6.2

$$F = \frac{mg(r-R)}{3H}$$

式中，m 是下盘连同附加物体的总质量；g 是重力加速度；r 是上盘线孔的位置矢量；R 是下盘线孔的位置矢量；H 是上盘与下盘的中心距。三条细线对下盘所施加的恢复力矩为

$$\tau = 3RF = \frac{mg}{H}R(r-R)$$

当转角较小时，取一级近似可得到

$$\tau = -\frac{mg\theta Rr}{H} \tag{2.6.1}$$

下盘在水平面内的扭转振动的微分方程为

$$I\frac{d^2\theta}{dt^2} + \frac{mgRr}{H}\theta = 0 \tag{2.6.2}$$

$$\theta = Ae^{-i\omega t}$$

式中，I 是下盘的总转动惯量。下盘在水平面内的扭转振动可以看做是简谐振动，振动的角频率为

$$\omega^2 = \frac{mgRr}{IH}$$

扭转振动周期 T 和转动惯量 I 满足下列关系：

$$I = \frac{mgRrT^2}{4\pi^2 H} \tag{2.6.3}$$

下盘是空盘时，满足

$$I_0 = \frac{m_0 gRrT_0^2}{4\pi^2 H} \tag{2.6.4}$$

式中，下标 0 表示空盘。下盘加载待测物体时，满足

$$I_x + I_0 = \frac{(m_x + m_0)gRrT_x^2}{4\pi^2 H} \tag{2.6.5}$$

式中，下标 x 表示待测物体或下盘加载待测物体。分别测量空载时的振动周期 T_0 和实载时的振动周期 T_x，即可计算得到加载待测物体的转动惯量为

$$I_x = \frac{gRr}{4\pi^2 H}[(m_x + m_0)T_x^2 - m_0 T_0^2] \tag{2.6.6}$$

用三线摆可以验证转动惯量的平行轴定理。设刚体的质量为 m，通过质心的转轴的转动惯量为 I_0，如果将转轴平行位移距离 b，则刚体对于新转轴的转动惯量为

$$I = I_0 + mb^2 \tag{2.6.7}$$

【实验仪器】

本实验用到的实验仪器有：三线摆、水准器、卷尺、游标卡尺、秒表或周期测定仪、待测物体。

【实验内容】

（1）先将悬挂下盘的 3 条细线调整到同样的长度，然后将水准器放在下盘中心，调节三线摆底座上的螺丝，使下盘呈水平位置。因为 3 条细线等长，这时上盘也呈水平位置（这

里指上盘的 3 个线孔所在平面为水平）。

（2）测量并记录下盘线孔至中心的距离 R，上盘线孔所在圆周直径的一半 r，上下盘之间的垂直距离 H，读取下盘质量值（看盘上钢印）。

（3）待下盘恢复静止状态，轻轻转动一下上盘，使下盘作小振幅扭转振动，测 50 个周期的时间间隔，测 3 次，3 个数据如果相差 0.3 s 以上则必须作废重测。根据公式计算空盘转动惯量。

（4）将圆环放在三线摆下盘上，重复实验内容（3）的操作。称量或从圆环钢印上读取圆环质量，测量圆环的有关尺寸。根据公式计算圆环的转动惯量，并与理论值

$$I = \frac{1}{8} m(d_1^2 + d_2^2)$$

相对照，计算相对误差。式中 d_1 和 d_2 分别是圆环的内直径和外直径。

（5）将两个圆柱体对称地放在下盘上，如图 2.6.3 所示，圆柱体中心到下盘中心的距离 4 cm，重复实验内容（3）的操作，测量两个圆柱体相距 8 cm 的转动惯量，回轴是通过下盘中心的铅垂线。

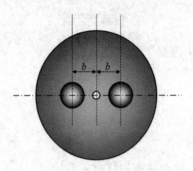

图 2.6.3

（6）验证转动惯量的平行轴定理。上述两个圆柱体组合的转动惯量为

$$I = \frac{1}{4} ma^2 + 2mb^2$$

式中：m 是单个圆柱体的质量；a 是圆柱体的直径；b 是圆柱体中心到下盘中心的距离。将转动惯量 I 的理论值和实验值相比较，计算百分比误差。

【思考题】

（1）为什么要把下盘调节成水平状态？为什么 3 根细线的长度要保持一致？

（2）怎样利用三线摆测量不规则物体的转动惯量？

实验 2.7 声速的测定

声波是在弹性媒质中传播的机械波，频率在 20 Hz～20 kHz 称为可闻声波，频率低于 20 Hz 的称为次声波，频率高于 20 kHz 的称为超声波。超声波频率高、波长短、衍射不严重，具有良好的定向性。利用超声波的定向发射性质，可以探测水中物体、测量海深。在工业上，可以利用超声波来探测工件内部的缺陷，称作超声探伤，利用超声波还可以精确测量结构和部件的厚度。在具体操作过程中，必须确定声波介质的声速量值，爆炸波前法是一种古老的测量声速的方法，可以在大范围内测定空气、水、地层内的声速，但声速和介质的成分、分子结构、声波波形、传播方向、环境温度、信号频率等参数有关，精确的声速量值只有通过实验才能得到。行波测量法和驻波测量法是实验室测量声速的基本方法，行波测量法的基本原理是在声波传播方向上相距一个或几个声波波长的两点上振动相位相同，驻波测量法的基本原理是在驻波中相邻波腹（波节）之间相距半波长。本实验测量空气中超声波的传播速度，空气中的声速是温度的函数，气压和湿度对声速影响不大，频率对声速的影响也很小。

【实验目的】

（1）熟悉低频信号发生器的使用方法。
（2）学习用示波器观察信号之间的相位差。
（3）了解压电晶体超声波发射器和超声波接收器的工作原理。
（4）使用相位比较法测量空气中超声波的声速。

【实验原理】

1. 超声波与压电陶瓷换能器

频率为 20 Hz～20 kHz 的机械振动在弹性介质中传播形成声波，高于 20 kHz 的声波称为超声波，超声波的传播速度就是声波的传播速度，而超声波具有波长短，易于定向发射等优点。声速实验所采用的声波频率一般都在 20 kHz～60 kHz，在此频率范围内，采用压电陶瓷换能器作为声波的发射器或接收器效果最佳。

根据压电陶瓷换能器的工作方式，可分为纵向（振动）换能器、径向（振动）换能器及弯曲振动换能器。声速教学实验中大多数采用纵向换能器。图 2.7.1 为纵向换能器的结构简图。

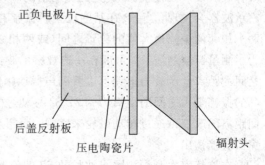

图 2.7.1

2. 驻波法测量声速

假设在无限声场中，仅有一个点声源 S1

（发射换能器）和一个接收平面（接收换能器 S2）。当点声源发出声波后，在此声场中只有一个反射面（即接收换能器平面），并且只产生一次反射。

在上述假设条件下，发射波 $\xi_1 = A_1\cos(\omega t + 2\pi x/\lambda)$。在 S2 处产生反射，反射波 $\xi_2 = A_2\cos(\omega t - 2\pi x/\lambda)$，信号相位与 ξ_1 相反，幅度 $A_2 < A_1$。ξ_1 与 ξ_2 在反射平面相交叠加，合成波束 ξ_3，表达式为

$$\xi_3 = \xi_1 + \xi_2 = A_1\cos\left(\omega t + 2\pi\frac{x}{\lambda}\right) + A_2\cos\left(\omega t - 2\pi\frac{x}{\lambda}\right)$$

$$= A_1\cos\left(\omega t + 2\pi\frac{x}{\lambda}\right) + A_1\cos\left(\omega t - 2\pi\frac{x}{\lambda}\right) + (A_2 A_1)\cos\left(\omega t - 2\pi\frac{x}{\lambda}\right)$$

$$= 2A_1\cos\left(2\pi\frac{x}{\lambda}\right)\cos\omega t + (A_2 A_1)\cos\left(\omega t - 2\pi\frac{x}{\lambda}\right)$$

由此可见，合成后的波束 ξ_3 在幅度上，具有随 $\cos(2\pi x/\lambda)$ 呈周期变化的特性；在相位上，具有随 $(2\pi x/\lambda)$ 呈周期变化的特性。另外，由于反射波幅度小于发射波，合成波的幅度即使在波节处也不为 0，而是按 $(A_2 A_1)\cos(\omega t - 2\pi x/\lambda)$ 变化。图 2.7.2 所示波形为叠加后的声波幅度，随距离按 $\cos(2\pi x/\lambda)$ 变化。

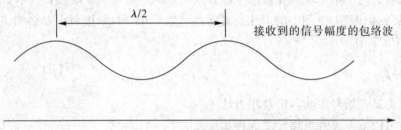

图 2.7.2

实验装置如图 2.7.3 所示，图中 S1 和 S2 为压电陶瓷换能器。S1 作为声波发射器，由信号源供给频率为数十千赫兹的交流电信号，由逆压电效应发出平面超声波；而 S2 则作为声波接收器，压电效应将接收到的声压转换成电信号。将该信号输入示波器，即可看到一组由声压信号产生的正弦波形。由于 S2 在接收声波的同时还能反射一部分超声波，接收声波和发射声波振幅虽有差异，但二者周期相同且在同一线上沿相反方向传播，二者在 S1 和 S2 区域内产生了波的干涉，形成驻波。实际上，在示波器上观察到的是这两个相干波合成后在声波接收器 S2 处的振动情况。移动 S2 位置（即改变 S1 和 S2 之间的距离），观察示波器会发现，当 S2 在某些位置时振幅有最大值。根据波的干涉理论可以知道：任何两个相邻的振幅最大值的位置之间（或两相邻的振幅最小值的位置之间）的距离均为 $\lambda/2$。为了测量声波的波长，可以在一边观察示波器上声压振幅值的同时，缓慢地改变 S1 和 S2 之间的距离。示波器上就可以看到声振动幅值不断地由最大变到最小再变到最大，两个相邻的振幅最大之间的距离为 $\lambda/2$；S2 移动过的距离亦为 $\lambda/2$。压电陶瓷换能器 S2 至 S1 之间距离的改变可通过转动鼓轮来实现，而超声波的频率又可由声速测定仪信号源频率显示窗口直接读出。

在连续多次测量相隔半波长的 S2 的位置变化及声波频率 f 以后，可运用测量数据计算出声速，并用逐差法处理测量的数据。

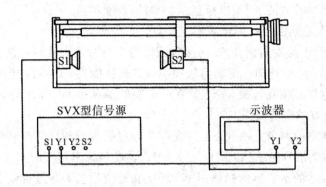

图 2.7.3

3. 相位法测量原理

由前述可知，入射波 ξ_1 与反射波 ξ_2 叠加，形成波束 $\xi_3 = 2A_1\cos(2\pi x/\lambda)\cos\omega t + (A_2 A_1)\cos(\omega t - 2\pi x/\lambda)$。相对于发射波束 $\xi_1 = A\cos(\omega t + 2\pi x/\lambda)$ 来说，在经过 Δx 距离后，接收到的余弦波与原来位置处的相位差（相移）为 $\theta = 2\pi\Delta x/\lambda$，如图 2.7.4 所示。因此能通过示波器，用李萨如图法观察测出声波的波长。

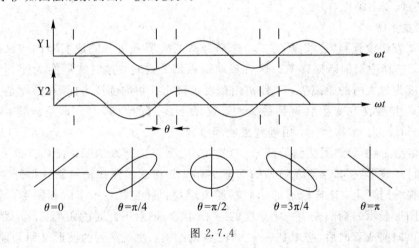

图 2.7.4

【实验仪器】

本实验用到的实验仪器有：HZDH 多功能声速测定仪、示波器、超声波发射器和超声波接收器、同轴电缆。

【实验内容】

（1）仪器在使用之前，加电开机预热 15 min。当接通市电后，在连续波方式下自动工作，这时脉冲波强度选择按钮不起作用。

（2）驻波法测量声速。

① 测量装置的连接。

信号源面板上的"发射端"-"换能器"接口，用于输出一定频率的功率信号，应接至测试架的发射换能器；接收换能器接至信号源面板上的"接收端"-"换能器"接口，同时，将信号源面板上的"接收端"-"波形"接口接至示波器的 Y 输入端。

② 测定压电陶瓷换能器的测试频率工作点。

只有当换能器 S1 的发射面和 S2 的接收面保持平行时才有较好的接收效果。为了得到较清晰的接收波形，应将外加的驱动信号频率调节到换能器 S1、S2 的谐振频率处，才能较好地进行声能与电能的相互转换（实际上有一个小的通频带），S2 才会有一定幅度的电信号输出，可得到较好的实验效果。

换能器工作状态的调节方法如下：首先调节发射强度旋钮，使声速测定仪信号源输出合适的电压，再调整信号频率（25 kHz~45 kHz），观察频率调整时 CH2（Y2）通道的电压变化幅度。选择合适的示波器的扫描时基 t/div 和通道增益，并进行调节，使示波器显示稳定的接收波形。在某一频率点处（34 kHz~40 kHz），电压幅度明显增大，再适当调节示波器通道增益，仔细地细调频率，使该电压幅度为极大值，此频率即是压电换能器相匹配的一个谐振工作点，记录频率 F_N。改变 S1 和 S2 间的距离，适当选择位置，重新调整，再次测定工作频率，共测 5 次，取平均频率 f。

在一定的条件下，不同频率的声波在介质中的传播速度是相等的。利用换能器的不同谐振频率的谐振点，可以在用一个谐振频率测量完声速后，再用另外一个谐振频率测量声速，即可验证以上结论。

③ 测量步骤。

将测试方法设置到"连续波"方式，选择合适的发射强度。完成实验内容（2）第①、②条步骤后，选择适当的谐振频率。然后转动距离调节鼓轮，这时波形的幅度会发生变化，记录下幅度为最大时的距离 L_{i-1}，距离由刻度尺读出。再向前或者向后（必须是一个方向）移动距离，当接收波变小后再到最大时，记录下此时的距离 L_i。即可求得声波波长为 $\lambda_i = 2|L_i - L_{i-1}|$。多次测定，用逐差法处理数据。

（3）相位法/李萨如图法测量波长。在驻波法测声速连线的基础上，将信号源面板上的"发射端"-"波形"接口接至示波器的 X 输入端，并将示波器扫描控制三挡开关"＋""－""外接"选在"外接"上，选择合适的示波器通道增益，示波器显示李萨如图形。转动鼓轮，使李萨如图形显示的椭圆变为一定角度的一条斜线，记录下此时的距离 L_{i-1}，距离由刻度尺读出。再向前或者向后（必须是一个方向）移动距离，使观察到的波形又回到前面所说的特定角度的斜线，这时接收波的相位变化 2π，记录下此时的距离 L_i。即可求得声波波长为 $\lambda_i = |L_i - L_{i-1}|$。多次测定，用逐差法处理数据。

（4）干涉法/相位法处理测量数据。已知波长 λ_i 和频率 f_i（频率由声速测定仪信号源频率显示窗口直接读出），则声速 $C_i = \lambda_i f_i$。

【思考题】

（1）相位比较法测量声速的理论依据是什么？实验中观察到什么现象？

（2）试分析哪些因素使本实验产生误差。

（3）当移动超声波接收器时，Y 轴信号的大小也会有所变化，为什么？

实验 2.8 落球法测量液体黏度系数

液体流动时，平行于流动方向的各层流体速度都不相同，即存在着相对滑动，于是在各层之间就有摩擦力产生，这一摩擦力称为黏滞力（或黏滞系数）。其方向平行于接触面，大小与速度梯度及接触面积成正比。比例系数 η 称为黏度，是表征液体黏滞性强弱的重要参数。液体的黏滞系数和人们的生产、生活等方面有着密切的关系，例如，医学上常把血黏度的大小作为人体血液健康的重要标志之一；石油在封闭管道中长距离输送时，其输运特性与黏滞性密切相关，因而在设计管道前，必须测量被输石油的黏度。液体的黏度受温度的影响较大，通常随着温度的升高而迅速减小。

测量黏度的主要方法有：① 转筒法，利用外力矩与内摩擦力矩平衡，建立稳定的速度梯度来测定黏度；② 毛细管法，通过一定时间内流过毛细管的液体体积来测定黏度，多用于黏滞性较小的液体，例如水、乙醇等；③ 落球法，通过小球在液体中的匀速下落，利用斯托克斯公式测定黏度，常用于黏滞性较大的透明（或半透明）液体，例如甘油、蓖麻油等。本实验介绍利用落球法测定液体的黏度系数。

【实验目的】

（1）学习和掌握一些基本物理量的测量。

（2）学习激光光电门的校准方法。

（3）掌握使用落球法测定液体的黏滞系数。

【实验原理】

由于液体具有黏滞性，固体在液体内运动时，将受到与运动方向相反的摩擦阻力的作用，也就是黏滞阻力作用，这是由附着在固体表面的一层液体和周边液体间相对运动而产生的。当半径为 r 的光滑小球，在黏滞性较大、均匀且无限宽广的液体中运动，且尾部不产生涡流时，根据斯托克斯定律，小球所受到的黏滞阻力为

$$f = 6\pi\eta r v \tag{2.8.1}$$

式中：η 为液体的黏度；v 为小球的运动速度。

实验装置如图 2.8.1 所示，处在液体中的小球在垂直下落过程中，受到了 3 个力的作用，即垂直向下的重力 $\rho V g$、垂直向上的浮力 $\rho_0 V g$ 和黏滞阻力 f。其中 V 为小球体积，ρ 和 ρ_0 分别为小球及液体的密度。下落初始，速度 v 较小，重力大于浮力加黏滞阻力，小球向下作加速运动；随着速度的增加，黏滞阻力也逐渐加大，直到作用在小球上的 3 个力达到平衡，满足下式：

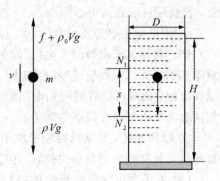

图 2.8.1

$$\frac{4}{3}\pi r^3 \rho g = \frac{4}{3}\pi r^3 \rho_0 g + 6\pi \eta r v_0$$

此时小球以速度 v_0 向下作匀速直线运动，v_0 称作收尾速度。

由此可得

$$\eta = \frac{(\rho - \rho_0)g d^2}{18 v_0} \qquad (2.8.2)$$

式中：d 为小球直径。式(2.8.2)成立的前提是小球在无限宽广的液体中下落，而本实验是在内径为 D 的高脚量筒中进行的，但当量筒内径及液体的高度远大于小球的直径时，式(2.8.2)计算出的 η 值与实验所得的 η 值相差很小，所以只要对斯托克斯公式进行适当的修正即可。小球在下落时并非总是处于量筒轴线，因而小球周边的速度梯度不相等，小球周边所受的黏滞阻力也不相等，小球在下落过程中产生滚动，从而增加了小球运动中的黏滞阻力，使得实验数值略大于实际值。实验证明，式(2.8.2)应进行如下修正方能符合实际情况：

$$\eta = \frac{(\rho - \rho_0)g d^2 t}{18 s} \cdot \frac{1}{\left(1 + 2.4\dfrac{d}{D}\right)\left(1 + 1.6\dfrac{d}{H}\right)} \qquad (2.8.3)$$

式中：s 为小球匀速下落通过的路程；t 为所用时间；D 为容器内径；H 为液柱高度。在国际单位制中，η 的单位是 Pa·s(帕斯卡·秒)，在厘米、克、秒制中，η 的单位是 P(泊)或 cP(厘泊)，它们之间的换算关系是

$$1\ \text{Pa·s} = 10\ \text{P} = 1000\ \text{cP}$$

【实验仪器】

本实验用到的实验仪器有：落球法液体黏滞系数测定仪(使用说明详见附录6)、高脚量筒(1个)、卷尺、螺旋测微器、游标卡尺、钢球(若干)、镊子、磁铁(1块)及待测液体蓖麻油。

【实验内容】

(1) 将待测小球编号，并用螺旋测微器依次测量小球的直径，求其平均值 $\bar{d}$。

(2) 测试架调整。

① 将线锤装在支撑横梁中间部位，调整黏滞系数测定仪测试架上的 3 个水平调节螺钉，使线锤对准底盘中心圆点。

② 测试架上端安装光电门Ⅰ，下端安装光电门Ⅱ，且两发射端装在一侧，两接收端装在一侧。将测试架上的两光电门"发射端Ⅰ"、"发射端Ⅱ"和"接收端Ⅰ"、"接收端Ⅱ"分别对应接到测试仪前面板的"发射端Ⅰ"、"发射端Ⅱ"和"接收端Ⅰ"、"接收端Ⅱ"上。接通测试仪电源，此时可以看到两光电门的发射端发出红光线束。调节上下两个光电门发射端，使两激光束刚好照在线锤的线上。

③ 收回线锤，将落球导管安放于横梁中心，并将装有测试液体的量筒放置于底盘上，移动量筒使其处于底盘中央位置。两光电门接收端调整至正对发射光。

(3) 按下测试仪前面板上的"启动"键，此时数码管将显示"HHHHH"，表示启动状态，待液体静止后，用镊子将小球按顺序依次从导管中放入，观察能否挡住两光电门光束

（挡住两光束时会有时间值显示）。若不能，适当调整光电门的位置，直至小球能挡住两光电门光束，记录对应编号小球下落时间，并求其平均值时间 $\bar{t}$。

（4）用卷尺测量光电门的距离 L。

（5）用游标卡尺测量量筒内径 D。

（6）相关量代入式(2.8.3)，计算液体的黏滞系数 η，并与该温度 T 下的黏滞系数相比较。不同温度下的蓖麻油的黏滞系数可参照表2.8.1。

表 2.8.1

$T/℃$	$\eta/Pa \cdot s$	$T/℃$	$\eta/Pa \cdot s$	$T/℃$	$\eta/Pa \cdot s$	$T/℃$	$\eta/Pa \cdot s$	$T/℃$	$\eta/Pa \cdot s$
4.5	4.00	13.0	1.87	18.0	1.17	23.0	0.75	30.0	0.45
6.0	3.46	13.5	1.79	18.5	1.13	23.5	0.71	31.0	0.42
7.5	3.03	14.0	1.71	19.0	1.08	24.0	0.69	32.0	0.40
9.5	2.53	14.5	1.63	19.5	1.04	24.5	0.64	33.5	0.35
10.0	2.41	15.0	1.56	20.0	0.99	25.0	0.60	35.5	0.30
10.5	2.32	15.5	1.49	20.5	0.94	25.5	0.58	39.0	0.25
11.0	2.23	16.0	1.40	21.0	0.90	26.0	0.57	42.0	0.20
11.5	2.14	16.5	1.34	21.5	0.86	27.0	0.53	45.0	0.15
12.0	2.05	17.0	1.27	22.0	0.83	28.0	0.49	48.0	0.10
12.5	1.97	17.5	1.23	22.5	0.79	29.0	0.47	50.0	0.06

（7）实验注意事项。

① 测量时，将小球用酒精擦拭干净。

② 待被测液体稳定后再投放小球。

③ 全部实验完毕后，将量筒轻移出底盘中心位置，然后用磁铁将钢球吸出，并擦拭干净放置于酒精溶液中，以备下次实验使用。

【思考题】

（1）如何判断小球在液体中已处于匀速运动状态？

（2）影响测量精度的因素有哪些？

实验 2.9　冷却法测量金属的比热容

　　根据牛顿冷却定律，用冷却法测定金属或液体的比热容是量热学中常用的方法之一。若已知标准样品在不同温度的比热容，通过绘制冷却曲线可测得各种金属在不同温度时的比热容。本实验以铜样品为标准样品，测定铁、铝样品在100℃时的比热容。通过实验了解金属的冷却速率及其与环境之间温差的关系，并熟悉测量的实验条件。热电偶数字显示测温技术是当前生产实际中常用的测试方法，相较于一般的温度计测温方法，该法具有测量范围广、计值精度高，可以自动补偿热电偶的非线性因素等优点；其次，它的电量数字化还可以对工业生产自动化中的温度量直接起着监控作用。

【实验目的】

　　(1) 了解测量固体比热容的基本方法。
　　(2) 测定金属样品的比热容
　　(3) 了解金属的冷却速率与环境之间的温差关系，并熟悉进行测量的实验条件。

【实验原理】

　　对于单位质量的物质，其温度升高 1 K(或 1 ℃)所需的热量称为该物质的比热容，其值随温度而变化。将质量为 M_1 的金属样品加热后，放到较低温度的介质(例如室温的空气)中，样品将会逐渐冷却。其单位时间的热量损失 $\left(\dfrac{\Delta Q}{\Delta t}\right)$ 与温度下降的速率成正比，于是得到下述关系式：

$$\frac{\Delta Q}{\Delta t}=C_1 M_1 \frac{\Delta \theta_1}{\Delta t} \tag{2.9.1}$$

式中，C_1 为该金属样品在温度 θ_1 时的比热容；$\dfrac{\Delta \theta_1}{\Delta t}$ 为金属样品在 θ_1 时温度的下降速率，根据冷却定律有

$$\frac{\Delta Q}{\Delta t}=\alpha_1 S_1 (\theta_1-\theta_0)^m \tag{2.9.2}$$

式中，α_1 为热交换系数；S_1 为该样品外表面的面积；m 为常数；θ_1 为金属样品的温度；θ_0 为周围介质的温度。由式(2.9.1)和式(2.9.2)，可得

$$C_1 M_1 \frac{\Delta \theta_1}{\Delta t}=\alpha_1 S_1 (\theta_1-\theta_0)^m \tag{2.9.3}$$

同理，对质量为 M_2，比热容为 C_2 的另一种金属样品，可有同样的表达式：

$$C_2 M_2 \frac{\Delta \theta_1}{\Delta t}=\alpha_2 S_2 (\theta_1-\theta_0)^m \tag{2.9.4}$$

由式(2.9.3)和式(2.9.4)，可得

$$\frac{C_2 M_2 \dfrac{\Delta\theta_2}{\Delta t}}{C_1 M_1 \dfrac{\Delta\theta_1}{\Delta t}} = \frac{\alpha_2 S_2 (\theta_2-\theta_0)^m}{\alpha_1 S_1 (\theta_1-\theta_0)^m}$$

所以

$$C_2 = C_1 \frac{M_1 \dfrac{\Delta\theta_1}{\Delta t}}{M_2 \dfrac{\Delta\theta_2}{\Delta t}} \frac{\alpha_2 S_2 (\theta_2-\theta_0)^m}{\alpha_1 S_1 (\theta_1-\theta_0)^m}$$

假设两样品的形状尺寸都相同，即 $S_1=S_2$，两样品的表面状况也相同（如涂层、色泽等），而周围介质（空气）的性质当然也不变，则有 $\alpha_1=\alpha_2$。于是当周围介质温度不变（即室温 θ_0 恒定），两样品又处于相同温度 $\theta_1=\theta_2=\theta$ 时，上式可以简化为

$$C_2 = C_1 \frac{M_1 \dfrac{\Delta\theta_1}{\Delta t}}{M_2 \dfrac{\Delta\theta_2}{\Delta t}} \tag{2.9.5}$$

如果已知标准金属样品的比热容 C_1、质量 M_1，待测样品的质量 M_2 及两样品在温度 θ 时冷却速率之比，就可以求出待测的金属材料的比热容 C_2。

【实验仪器】

本实验用到的实验仪器有：金属比热容加热仪和测试仪，直径 5 mm、长 30 mm 的铜、铁、铝等圆柱实验样品。

【实验内容】

开机前先连接好加热仪和测试仪，共有加热四芯线和热电偶线两组线。

（1）选取长度、直径、表面光洁度尽可能相同的 3 种金属样品（铜、铁、铝），用物理天平或电子天平称出它们的质量 M_0。然后根据 $M_{Cu}>M_{Fe}>M_{Al}$ 这一特点，把它们区别开来。

（2）使热电偶端的铜导线与数字表的正端相连；冷端铜导线与数字表的负端相连。当样品加热到 150 ℃（此时热电势显示约为 6.7 mV）时，切断电源移去加热源，样品继续安放在与外界基本隔绝的有机玻璃圆筒内自然冷却（筒口需盖上盖子），记录样品的冷却速率 $\left(\dfrac{\Delta\theta}{\Delta t}\right)_{\theta=100℃}$。具体做法是记录数字电压表上示值约从 $E_1=4.36$ mV 降到 $E_2=4.20$ mV 所需的时间 Δt（因为数字电压表上的值显示数字是跳跃性的，所以 E_1、E_2 只能取附近的值），从而计算 $\left(\dfrac{\Delta E}{\Delta t}\right)_{E=4.28\text{ mV}}$。按铁、铜、铝的次序，分别测量其温度下降速度，每一样品应重复测量 6 次。因为在同一小温差范围内，热电偶的热电动势与温度的关系可认为是线性关系，即

$$\frac{\left(\dfrac{\Delta\theta}{\Delta t}\right)_1}{\left(\dfrac{\Delta\theta}{\Delta t}\right)_2} = \frac{\left(\dfrac{\Delta E}{\Delta t}\right)_1}{\left(\dfrac{\Delta E}{\Delta t}\right)_2}$$

式（2.9.5）可以简化为

$$C_2 = C_1 \frac{M_1 (\Delta t)_2}{M_2 (\Delta t)_1} \tag{2.9.6}$$

(3) 仪器的加热指示灯亮，表示正在加热。如果连接线未连好或加热温度过高(超过200℃)导致自动保护时，指示灯不亮。升到指定温度后，应切断加热电源。

(4) 注意：测量降温时间时，按"计时"或"暂停"按钮应迅速、准确，以减小人为计时误差。

(5) 加热装置向下移动时，动作要慢，应注意要使被测样品垂直放置，以便加热装置能完全套入被测样品。

(6) 数据处理。

样品质量：$M_{Cu} =$ _____ g；$M_{Fe} =$ _____ g；$M_{Al} =$ _____ g。

热电偶冷端温度：_____ ℃

样品由 4.36 mV 下降到 4.20 mV 所需时间(单位为 s)填入表 2.9.1 中。

表 2.9.1

样品 ＼ 次数	1	2	3	4	5	6	平均值 $\overline{\Delta t}/s$
Cu $(\Delta t)_1$							
Fe $(\Delta t)_2$							
Al $(\Delta t)_3$							

以铜为标准：$C_1 = C_{Cu} = 393$ J/kg·℃

铁：$C_2 = C_1 \dfrac{M_1 (\Delta t)_2}{M_2 (\Delta t)_1} =$ _____ J/kg·℃

铝：$C_3 = C_1 \dfrac{M_1 (\Delta t)_3}{M_3 (\Delta t)_1} =$ _____ J/kg·℃

【思考题】

(1) 为什么实验应该在防风筒(即样品室)中进行？

(2) 测量 3 种金属的冷却速率，并在图纸上绘出冷却曲线，如何求出它们在同一温度下的冷却速率？

实验 2.10 单摆的研究

伽利略(1564—1642)首先证明,如果空气摩擦的影响可以忽略不计,所有自由下落的物体都将以同一加速度下落,这个加速度就是重力加速度。重力加速度是一个重要的物理量,准确测定重力加速度的值,无论在理论、科研还是生产等方面都有极其重大的意义。单摆实验是一个经典实验,通过对重力加速度的测量,学习使用实验数据的分析方法和误差来源分析及处理方法。

【实验目的】

(1) 研究单摆振动周期与摆长的关系。

(2) 测量当地的重力加速度,并进行数据处理和误差分析。

【实验原理】

单摆的运动在摆角很小时(小于5°)可以看作简谐振动,振动周期 T 与摆锤重心到悬挂点的距离 l 以及实验处的重力加速度 g 有以下关系:

$$T = 2\pi\sqrt{\frac{l}{g}}, \quad T^2 = \frac{4\pi^2 l}{g}$$

或

$$g = \frac{4\pi^2 l}{T^2}$$

上式成立忽略几方面因素:单摆摆线的质量,单摆运动是非简谐运动,空气阻力的影响等。如要修正上述这些因素造成的误差,则要进行严格的计算。如摆线质量为 μ,摆球半径为 r,质量为 m,则上述公式应修正为

$$g = \frac{4\pi^2 l}{T^2}\left(1 + \frac{2}{5}\frac{r^2}{l^2} - \frac{1}{6}\frac{\mu}{m}\right) \tag{2.10.1}$$

摆动的幅角较大或空气的浮力与阻力的影响较大时,还应作其他修正。

单摆考虑摆角 θ 的影响时,公式为

$$T = 2\pi\sqrt{\frac{l}{g}}\left[1 + \frac{1}{4}\sin^2\frac{\theta}{2} + \left(\frac{1\times3}{2\times4}\right)^2\sin^4\frac{\theta}{2} + \cdots\right] \tag{2.10.2}$$

若取二级小量进行部分修正时,则

$$T = 2\pi\sqrt{\frac{l}{g}}\left(1 + \frac{1}{4}\sin^2\frac{\theta}{2}\right) \tag{2.10.3}$$

可得

$$g = 4\pi^2\frac{l}{T^2}\left(1 + \frac{1}{2}\sin^2\frac{\theta}{2} + \frac{1}{16}\sin^4\frac{\theta}{2}\right) \tag{2.10.4}$$

可认为此修正是对摆长测量值的修正,则

$$g=\frac{4\pi^2 l'}{T^2} \tag{2.10.5}$$

式中：$l'=l+\dfrac{l}{2}\sin^2\dfrac{\theta}{2}$ 为长度 l 修正后的结果，长度 l 的修正量为 $\Delta l=\dfrac{l}{2}\sin^2\dfrac{\theta}{2}$。经过修正，可以部分消除摆角 θ 对测量结果的影响。

【实验仪器】

本实验用到的实验仪器有：单摆装置(锥形球、细线)、米尺、数字秒表、游标卡尺等。

【实验内容】

(1) 测量 8 种不同摆长单摆的振动周期，每种摆长测量 5 次，每次测 20 个周期的时间，然后分别求出每种摆长下单摆振动周期的平均值。

(2) 以摆长 l 为横坐标，振动周期 T 的平方为纵坐标作图，并分析实验结果。

(3) 实验数据及数据处理。单摆摆长与周期的关系实验数据填入表 2.10.1 中。

表 2.10.1

l/m	0.300	0.400	0.500	0.600	0.700	0.800	0.900	1.000
20 T/s								
$\overline{T}/\mathrm{s}$								

作摆长 l 与周期平方 T^2 关系图，根据 l-T^2 关系图分析 l 与 T^2 的线性关系，验证其关系是否与实验原理相符。

(4) 根据上述数据，计算当地的平均重力加速度值，并计算其不确定度。

【思考题】

(1) 用单摆测重力加速度必须满足的条件是什么？

(2) 如果单摆的摆角远远超过 5°，分别取 10°、15°，测量其周期，并和摆角较小时进行比较，结果如何？请解释。

第三章　电磁学实验

电磁学实验基础知识

一、电磁学实验基本仪器简介

1. 电表

电表种类繁多，按其工作原理可分为磁电式、电磁式、电动式、静电式、数字式等。磁电式电表具有准确度高，稳定性好，刻度的线性度好，受外磁场和温度影响小等优点，应用比较广泛，是电磁学实验中最常用的仪表之一。本节仅介绍磁电式电表，其他种类的电表在有关实验中适当介绍。

1）表头

所有磁电式电表均由表头与电阻元件等组装而成。表头是磁电式电表的核心部分，其基本结构如图 3.0.1 所示。

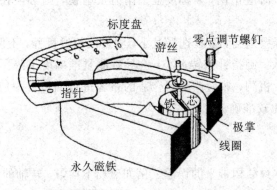

标度盘　游丝　零点调节螺钉

指针　铁芯　极掌　线圈

永久磁铁

图 3.0.1

表头的测量组件由固定部分和活动部分组成。固定部分主要包括永久磁铁、极掌、圆柱形铁芯、支架、轴承等；活动部分主要包括动圈、轴尖、指针、游丝或张丝。永久磁铁在极掌与圆柱形铁芯的间隙中产生均匀辐射状磁场，线圈置于其中。当动圈中有电流通过时，在磁场中就要受到电磁力矩 M 的作用而偏转，发生偏转的动圈同时又要受到游丝（或张丝）的反作用力矩 M_D 的作用。当二力矩相平衡，即 $M = M_D$ 时，动圈就会带动指针产生稳定的偏转，偏转的大小与被测电流相对应。因此表头实际上是一个小量程的电流表，可以测量微小电流。表头有两个重要的参数，即表头的满偏电流 I_g 和内阻 R_g。常用的电流表与电压表就是根据这两个参数选择适当的分流电阻或分压电阻而制成的。

2）直流电流表（安培表、毫安表、微安表）

直流电流表的用途是测量电路中电流的大小，它的主要规格如下：

（1）量程：指针偏转满刻度的电流值。既有单量程电流表，也有多量程电流表，实验室常用多量程电流表。

（2）内阻：电表两接线端钮间的电阻。电流表内阻越小，量程越大。安培表内阻一般在 0.1 Ω 以下，毫安表为几欧至几百欧，微安表为几百欧至几千欧。

3）直流电压表（伏特表、毫伏表）

直流电压表主要用于测量电路中两点间电压的大小，它的主要规格如下：

（1）量程：指针偏转满刻度时的电压值。电压表也有单量程与多量程之分，实验室常用多量程电压表。

（2）内阻：电压表两接线端钮间的电阻。电压表的内阻越大，对被测电压的影响越小。电压表的量程越大，其内阻也越大。对于大多数多量程电压表，各量程的内阻与相应的量程之比为一常量，电压表标度盘上一般都标明这一常量，其单位为"Ω/V"，它是电压表的一个重要参量，称为每伏欧姆数或电压表灵敏度。通过这一常量可计算出相应量程的内阻。

4）电表使用注意事项

（1）电流表使用时应串联在被测电路中；电压表使用时应与被测电压的两端并联。电表的正负接线柱不可接错，标有"＋"的接线柱为电流的流入端，标有"－"的接线柱为电流的流出端。不能接反，否则电表指针将反向偏转，严重时将损坏电表。

（2）通电前电表指针应与零刻度线重合，若不重合可调节电表外壳上的零点调节螺钉，使指针指零。读数时应正视，若标度盘上附有反射镜，则必须在指针与反射镜中的像重合时读数。

（3）电表量程选择要适当，量程选择过小，测量值超过量程，不但无法读数，还可能损坏电表。量程选择过大，则指针偏转过小，会导致测量准确度下降。在待测量未知的情况下，可先用大量程进行粗测，然后调整到合适的量程进行测量。一般情况下，测量读数在电表量程的 2/3 以上比较准确。

5）电表的误差

（1）误差的来源。

基本误差：电表本身结构带来的误差。例如磁场不均匀，转轴的摩擦，刻度不准等。

附加误差：由外界因素的变动而引起的电表指示值的误差。例如温度的变化，外界磁场、电场的变化等。

（2）电表误差的表示形式。

从电表误差的来源不难看出，对于同一电表来说，电表指示值的绝对误差与相对误差均可能随测量值的变化而变化，因此不便于用于表示电表的准确度，为此引入"最大引用误差"。

最大引用误差指电表某量程上的最大绝对误差 Δx_m 与该量程 x_m 之比，用百分数表示，即

$$r_m = \frac{\Delta x_m}{x_m} \times 100\%$$

我国国家标准规定，指针式电表的准确度等级按电表的最大引用误差确定。若以 a 表

示电表的准确度等级，则有

$$\frac{\Delta x_{\mathrm{m}}}{x_{\mathrm{m}}}\times 100\%=\pm a\%$$

目前，我国生产的指针式电表的准确度分为七级，即 0.1、0.2、0.5、1.0、1.5、2.5、5.0 级。

可以根据电表的准确度等级来估计测量结果的误差。先求出最大绝对误差 $\Delta x_{\mathrm{m}}=\pm a\% x_{\mathrm{m}}$，再根据电表的测量结果计算出可能出现的最大相对误差 $r=\frac{\Delta x_{\mathrm{m}}}{x}=\pm a\%\frac{x_{\mathrm{m}}}{x}$。不难看出，当 x 与 x_{m} 接近时，相对误差较小。这就是为什么要选择好量程，在电表指针偏转较大时读数，测量结果比较准确的道理。

（3）数字式电表的误差。

目前，数字式电表的误差表示方法还没有统一的公式，应按其说明书给出的公式计算误差。

6）指针式检流计

对于微小的电流或电压，用一般的磁电式电表难以测出，为了适应这种需要，特别设计了高灵敏度的指针式检流计。其动圈用扭力矩较小的张丝为转轴，并适当增加线圈的匝数，微小电流产生的电磁力矩可以使线圈偏转，以提高电表的灵敏度。

检流计的特征是标尺零点在标尺的中央，便于检测不同方向的电流，因此常用作电桥和电势差计的指零仪。指针式检流计的主要规格如下：

（1）电流计常量：指针偏转一小格所对应的电流值。AC5 系列指针式检流计一般为 10^6 A/div。

（2）内阻：检流计两个接线端钮间的电阻，从几十欧到几千欧不等。图 3.0.2(a) 是 AC5 系列检流计的面板图，图 3.0.2(b) 是它的内部电路。指针零点在刻度中央，便于检测不同方向的电流。图 3.0.2(a) 中，1 为表针锁扣，拨向红点时，表针被锁住，可防止在电表移动时损坏电表的机械结构；拨向白点时，指针可以自由偏转，仪表处于测量状态。2 为零位调节旋钮，使用前应先调节该旋钮，使指针指在零刻度线上。3 为两个接线柱，可将检流计接入电路。4、5 为两个按钮电键，当按下 4 时，检流计与外电路接通。按钮 5 实际上是一个阻尼电键，当表针来回摆动不止时，待表针摆至零点附近，迅速按下此按钮，

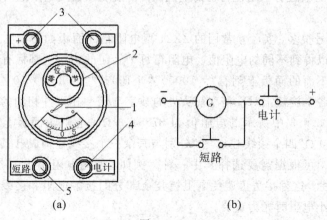

(a)　　　　　　　　　　　　(b)

图 3.0.2

然后松开，这样可以迅速止动。

7）常见符号及其意义

电表面板上常见符号及其意义参见表3.0.1。

表 3.0.1

符　号	符号意义	符　号	符号意义
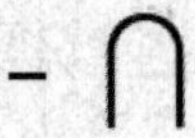 ⌓	磁电式仪表	 ———	电表水平放置
—	电磁式仪表	 ⊥	电表垂直放置
—	电动式仪表	 ∠45°	与水平成45°放置
▬	静电式仪表	1.5	电表等级
—	直流表	 ☆	绝缘试验电压为2 kV
 ∼	交流表	 Ⅱ	Ⅱ级防外磁场
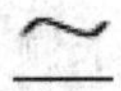 ≋	交直流两用表		

2. 电阻

实验室常用的电阻有电阻值可变的电阻箱、滑线变阻器及电阻值固定的标准电阻。

1）电阻箱

电阻箱的型号很多，实验室常用的ZX21型电阻箱的面板如图3.0.3所示。旋转电阻箱上的旋钮，可以得到不同的电阻值。电阻箱每个旋钮的边缘上都标有0，1，2，3，…，9十个数字；旋钮下面的面板上刻有"×10000""×1000""×100""×10""×1""×0.1"等字样，称为倍率。各个旋钮上对准倍率箭头处的数字与倍率相乘并相加的结果，即为实际使用的电阻值。图3.0.3中所示的电阻值为87654.3 Ω。电阻箱面板上方有"＊""0.9 Ω""9.9 Ω""99999.9 Ω"四个接线柱，"＊"分别与其余三个接线柱构成电阻箱的3种不同的调整范围。使用时，可根据需要选择其中一种。例如，使用电阻小于10 Ω时，可选择"＊""9.9 Ω"两接线柱。这种接法可避免电阻箱其余部分的接触电阻和接线电阻的影响，以提高准确度，这在小电阻时尤为重要。

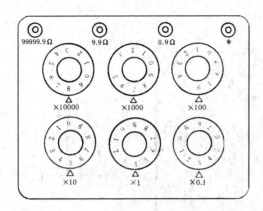

图 3.0.3

电阻箱的主要规格如下：

（1）总电阻：为电阻箱所能达到的最大电阻。图 3.0.3 所示的电阻箱总电阻为 99999.9 Ω。

（2）额定功率：电阻箱内部每个电阻的功率额定值。使用时不得超过此值，一般的电阻箱额定功率为 0.25 W，由此可计算出电阻箱各挡允许通过的电流最大值，如表 3.0.2 所示。

表 3.0.2

旋钮倍率	×0.1	×1	×10	×100	×1000	×10000
允许电流/A	1.5	0.5	0.15	0.05	0.015	0.005

（3）准确度等级：直流电阻箱的准确度从 0.01 到 1.0 分为七个等级。电阻箱在额定电流或额定电压范围内的基本误差规定为

$$\frac{\Delta R}{R} = \pm \left(a + b\frac{m}{R} \right)\%$$

式中：a 是准确度等级；R 是电阻箱示值；m 为电阻箱示值不为零的旋钮数；b 是与准确度有关的修正值。以 ZX21 型电阻箱为例，a 为 0.1，b 为 0.2。

2）滑动变阻器

滑动变阻器常用来控制电路中的电压和电流，其构造及用途详见"实验 3.3 电学元件的'电流-电压'特性的测定"。

滑动变阻器的主要规格如下：

（1）全电阻：两固定接线柱间的电阻。

（2）额定电流：变阻器允许通过的最大电流。

3）标准电阻

标准电阻的结构如图 3.0.4(a)所示，在骨架 1 的绝缘层上绕着锰铜电阻线 2，其线端 5 引向接线端钮 P、P 和 C、C 端钮 P、P 和 C、C 固定在绝缘盖 3 上。在电阻内部，它们的对应端分别连接，构成四端钮电阻，如图 3.0.4(b)所示。

四端钮中的一对 C、C 端钮称为电流端钮，通常较为粗大，可用于将标准电阻接入电流回路中；另一端钮 P、P 为电压端钮，通常较为细小，由这对端钮可以得到标准电阻两端

的电压。

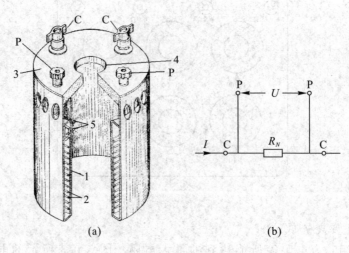

图 3.0.4

根据欧姆定律,四端标准电阻的阻值应为

$$R_N = \frac{U}{I}$$

式中:U 是电压端钮 P、P 间的电压。从图 3.0.4(b)可以看出,电流端钮处的接触电阻上的电压未被计入 U 中,因此电阻值 R_N 也就不包含电流端钮处的接触电阻。

通常,可用具有较大内阻的仪表(或电势差计)测量电压 U。此时,接入电压端钮支路的电阻很大,而电压端钮处的接触电阻与之比较完全可以忽略不计,因此其接触电阻对测量结果的影响也就可以忽略。

由以上分析可知,标准电阻的四端接法在测量时可有效防止接触电阻带来的误差,这在小电阻时尤为重要。

标准电阻的主要规格如下:

(1) 电阻标准值:标准电阻标牌上标出的电阻值,一般为 $10^n \Omega$(n 为 $-5 \sim +5$ 的整数)。

(2) 额定电流:标准电阻的电流额定值,使用时通过标准电阻的电流不允许超过额定电流。

(3) 准确度等级:标准电阻的基本误差,以标准值相对误差的百分数表示。例如 0.01 级的标准电阻,其基本误差不超过 0.01%。

3. 标准电容箱

标准电容箱也是电磁学实验常用的仪器之一,如图 3.0.5 所示是 RX7 系列标准电容箱中单个旋钮电容箱的面板图。实验时也会用到多个旋钮的电容箱,其使用方法与电阻箱基本相同。各个旋钮指示值乘以该旋钮倍率再相加,即为该电容箱接线柱 1、2 间的电容量。接线柱 0 为屏蔽端,一般情况下与接线柱 2 连接,还可根据需要接入相应的电路,以屏蔽电磁干扰。

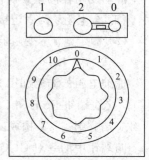

图 3.0.5

RX7 系列标准电容箱基本参数简介如下。

1）规格型号

RX7 系列标准电容箱有多种规格，如表 3.0.3 所示。

表 3.0.3

形式	容量/μF	旋钮数	可变范围/μF	最小步长/μF
RX7 - 0	0～1.111	4	$(0\sim10)\times(0.0001+0.001+0.01+0.1)$	0.0001
RX7 - 1	0～1.110	3	$(0\sim10)\times(0.001+0.01+0.1)$	0.001
RX7 - 2	0～1.10	2	$(0\sim10)\times(0.01+0.1)$	0.01
RX7 - 3	0～0.11	2	$(0\sim10)\times(0.001+0.01)$	0.001
RX7 - 4	0～1.00	1	$(0\sim10)\times0.1$	0.1
RX7 - 5	0～0.10	1	$(0\sim10)\times0.01$	0.01
RX7 - 6	0～0.10	1	$(0\sim10)\times0.001$	0.001

2）准确度

RX7 系列标准电容箱各旋钮组的准确度均有所区别，具体如下：

$\times0.1$ μF 组的准确度为 $\pm0.5\%$；

$\times0.01$ μF 组的准确度为 $\pm0.65\%$；

$\times0.001$ μF 组的准确度为 $\pm2\%$；

$\times0.0001$ μF 组的准确度为 $\pm5\%$。

例如，RX7.0 型的电容箱，其示值为

$$C=0.6584\ \mu F$$

则 C 的偏差不超过

$$\Delta C=0.6\times0.5\%+0.05\times0.65\%+0.008\times2\%+0.0004\times5\%$$
$$=0.003+0.000325+0.00016+0.00002$$
$$=0.003505\ \mu F$$

计算结果说明，C 在小数点后第三位就不准确了，由于上述计算考虑了最大的不准确程度，所以小数点后第三、四位仍有一定的参考价值，因此最终结果可写成

$$C=(0.6584\pm0.0035)\mu F$$

或者取

$$C=(0.658\pm0.004)\mu F$$

此外还需注意，在精确测量时，应将电容箱的起始电容从测量结果中除去，这在小电容时尤为必要。

3）电容箱的起始电容

电容箱的起始电容如表 3.0.4 所示。

表 3.0.4

形式（RX7）	RX7 - 0	RX7 - 1	RX7 - 2	RX7 - 3	RX7 - 4	RX7 - 5	RX7 - 6
起始电容/pF	80	60	40	40	25	25	25

4. 直流电源

电磁学实验中最常用的电源是晶体管稳压电源，它是将 220 V 交流电变为直流电的一种仪器。晶体管稳压电源内阻小，输出电压的稳定性高，且连续可调，一些晶体管稳压电源还有过载保护装置以及双路或多路电压输出，使用十分方便。它的主要规格是最大输出电压与最大输出电流。例如，WYJ - 30 型直流稳压电源的最大输出电压为 30 V，最大输出电流为 2 A。

在功率小、电压稳定度要求不高的场合，干电池是很方便的直流电源。每节干电池的标称电压为 1.5 V。6 V、9 V 的干电池是多节干电池串联而成的，因此又称为叠层电池。干电池使用后，内阻不断升高，所提供的端电压不断降低。装有干电池的仪器，应注意及时更换电池，仪器若较长时间不用，应及时取出干电池，以免电池中的电解液漏出，腐蚀器件。

5. 电键

电键是电磁学实验中最常用的器件，通常以其刀数（即接通或断开电路的金属杆数）和每把刀的掷数（即每把刀可以形成的通电路数）来区分。实验中经常使用的有单刀单掷电键、单刀双掷电键、双刀双掷电键及换向电键等。各种电键的符号如图 3.0.6 所示。

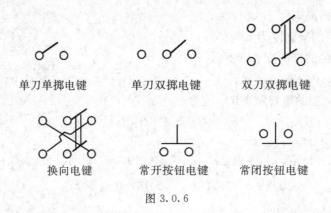

单刀单掷电键　　单刀双掷电键　　双刀双掷电键

换向电键　　常开按钮电键　　常闭按钮电键

图 3.0.6

二、电磁学实验操作规程

电磁学实验的仪器比较精密，容易损坏，有的实验中还可能使用较高的电压，为保证实验者的人身与实验仪器的安全，应按下列规程进行实验。

1. 准备

在进入实验室前，要根据实验内容进行预习，包括熟悉实验原理、方法和电路，准备好测量数据记录表格。进入实验室后，先对照教材将实验仪器的规格、型号及数量核对清楚，如有疑问，应及时向指导老师提出。然后摆好仪器和装置，它们的位置可基本上按照电路图的次序排列，以便于对照电路图接线，同时也要兼顾到读数与操作的方便。

2. 连线

在理解实验电路原理的基础上，根据电路图的顺序连线。一般从电源的一个极开始，按照电路图的顺序，一个仪器接着一个仪器连线，直至电源的另一个极。接线时电源电键应断开，接线柱要拧得松紧适中，以保证良好的电气接触。此外在连线时，还应注意利用不同颜色的导线，一般红色线接电源正极或高电势，黑色线接电源负极或低电势，这样便于检查。

3. 检查

电路接好后，应对照电路图逐一认真检查相关内容：电源电键是否断开，电表和电源的正负极是否正确无误，电表的量程选择是否合适，电阻箱的数值是否符合实验要求，变阻器的滑动端是否处于安全位置等。确认无误后，再让指导老师检查，经同意，才能接通电源进行实验。

4. 通电

在正式接通电源前，先瞬间接通一下电源，观察各仪表反应是否正常，如有异常应立即断电，找出原因，排除故障，一切正常后才能正式接通电源，进行实验。

实验过程中如需暂停，应断开有关的电源电键。若需要更换电路，应将电路中的各个仪器调到安全位置后，断开电源电键，才能更换电路。电路更换后，仍需认真检查，确认无误后方可接通电源继续实验。

5. 安全

电路中无论有无高压，要养成避免用手或身体接触电路中带电导体的习惯，以保证人身安全。实验时思想要集中，注意观察电路中各仪器仪表的工作状态是否正常，一旦发现问题就要及时处理，以免损坏仪器和设备。

6. 归整

实验完毕，先把电路中各仪器调至安全位置，然后断开电源电键。经指导老师检查实验数据后方可拆线，拆线时应首先拆除电源线。最后应将所有的仪器归整好，并做好清洁工作。

实验 3.1 电表的改装和校准

在科学研究和工程技术实践中，需要对各种各样的电流和电压进行测量，实际工作中遇到的电流可能很小，也可能大到几千安培以上，如果现有电表的量程不能满足测量的要求，可以对电表进行改装以扩展量程。例如，用一个内阻 2000 Ω 的 100 μA 电流表并联一个 0.2 Ω 的电阻就可以测量 1 A 的电流，当测量更大的电流时，必须考虑并联电阻的功率和导线的承载能力。实际工作中遇到的电压可能小到微伏量级，也可能大到几万伏以上，如果现有电表的量程不能满足测量的要求，也可以对电表进行改装以扩展量程。例如，用一个内阻 2000 Ω 的 100 μA 电流表串联一个 20 MΩ 的电阻就可以测量 2000 V 的电压，当测量更高的电压时，必须考虑串联电阻的功率和导线的绝缘能力，防止放电打火伤害人体和仪器设备。

【实验目的】

(1) 学习和利用小量程的电表制作量程较大的电流表的方法。
(2) 学习和利用小量程的电表制作量程较大的电压表的方法。
(3) 比较标准电表与校正改装电表的测量误差。

【实验原理】

在实际工作中经常需要在大范围内进行电流或电压的测量，有时待测电流或电压超出了现有电表的量程，这类问题可以通过对现有电表进行改装扩展量程来解决。

1. 改装制作电流表

如果实验室只有量程较小的电流表，可以在原电流表上并联一个电阻 R_I 改装制作成各种量程的电流表，并联电阻的阻值越小，改装成的电流表量程越大。如果原电流表的量程为 I_0，内阻为 r，而要求改装成的电流表量程为 nI_0，那么满量程时通过电阻 R_I 的电流为 $(n-1)I_0$，所以

$$R_I = \frac{r}{n-1} \tag{3.1.1}$$

2. 改装制作电压表

利用实验室已有的量程较小的电流表，也可以改装制作成各种量程的电压表，方法是在原有电流表上串联一只电阻 R_U 改装制作成各种量程的电压表，串联电阻的阻值越大，改装成的电压表量程越大。如果原电流表的量程为 I_0，内阻为 r，而要求改装成的电压表量程为 U，那么满量程时原电流表通过的电流为 I_0，所以

$$I_0 = \frac{U}{R_U + r}$$

$$R_U = \frac{U}{I_0} - r \tag{3.1.2}$$

【实验仪器】

本实验用到的实验仪器有：电池、电键、变阻器、电阻器，100 μA 电流表、电阻箱、标准电流表、标准电压表、导线。

【实验内容】

（1）替代法测量 100 μA 电流表的内阻。参照图 3.1.1 所示的电原理图，在 A、B 两点之间接入 100 μA 电流表，调节变阻器 W 滑动端的位置，使电流表指针接近满刻度，但不能超过满刻度，记下标准电流表的读数。然后取下 100 μA 电流表，接入电阻箱 R，调节 R 的阻值使标准电流表的读数与刚才记下的读数一致，这时电阻箱的阻值就是 100 μA 电流表内阻 r 的阻值。

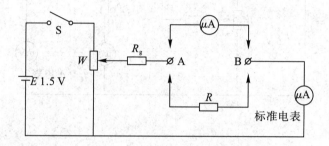

图 3.1.1

（2）测量 100 μA 电流表的真实量程。100 μA 电流表标称量程和实际量程之间有时会有所差别，取下 A、B 之间的电阻箱，改接待测表头，调节变阻器 W 滑动端的位置，使 100 μA 电流表的指针恰好处在满刻度处，这时标准电流表的读数就是待测表头的实际量程了。或者使标准电流表的指针恰好处在满刻度处，然后根据 100 μA 电流表的读数计算该表的实际量程。

（3）改装制作 1 mA 电流表。根据 100 μA 电流表的实际量程计算出扩程比 n 的值，再根据式（3.1.1）计算出分流电阻 R_I 的阻值，用电阻箱作为分流电阻，按照图 3.1.2 组装电路。调节变阻器 W 动点的位置，等间距记录 100 μA，200 μA，300 μA，…，1000 μA 共 10 组对照数据，计算绝对误差，将数据列出表格，然后描绘误差图线，如图 3.1.3 所示。

（4）制作 1000 mV 电压表。先根据式（3.1.2）计算出需要串联的分压电阻 R_U 的阻值，用电阻箱作为分压电阻，然后按照图 3.1.4 组装电路。调节变阻器 W 动点的位置，等间距记录 10 组对照数据，计算绝对误差，将数据列成表格，然后描绘误差图线，如图 3.1.3 所示。

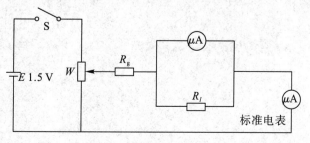

图 3.1.2

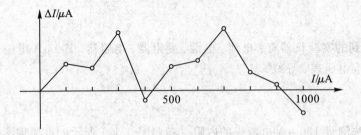

图 3.1.3

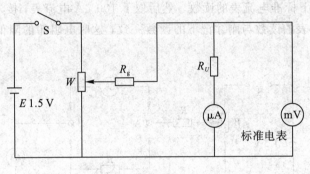

图 3.1.4

【思考题】

(1) 怎样把内阻 500 Ω、量程 1 mA 的直流电表改装成量程为 2 A 的直流电流表？

(2) 怎样把内阻 4000 Ω、量程 50 μA 的直流电表改装成量程为 1000 V 的直流电压表？

(3) 怎样把实验中的 100 μA 直流电流表改装成 250 V 的交流电压表？可加上适当的电阻和二极管，画出电原理图，并估算电阻的阻值。

实验 3.2　信号波形的观察与测量

在科学研究和工程技术的实践中，需要对位移、速度、加速度、力、力矩、压强、应力、温度、相位差、电场强度、磁感应强度、光强等各种各样的物理量进行测量观察。很多物理量是时间的函数，如果要求了解物理量随时间变化的细节，通常是先用传感器把待测物理量变换成电信号，然后对这个电信号进行观察分析。示波器是实验室里最通用的常规仪器，主要用途是观察电信号随时间变化的情况。目前，低挡的示波器能观察几十赫兹至几百万赫兹的交流电信号，高挡的示波器能观察几亿赫兹的交流电信号，还有能同时显示多路信号的多踪示波器，微处理器技术应用到示波器后，示波器的功能更加全面，特别是能够储存稍纵即逝的单扫电信号。

【实验目的】

（1）初步了解示波器的工作原理。
（2）了解示波器面板上各个旋钮的作用。
（3）学习用示波器观察稳态电信号的波形并进行定量记录。

【实验原理】

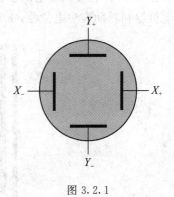

图 3.2.1

图 3.2.1 是阴极射线电子示波管荧光屏的示意图。当 X 轴偏转板和 Y 轴偏转板都不加电压时，电子束打在示波管荧光屏中间形成一个光点。如果在 X 轴偏转板上加上直流电压，光点就在水平方向偏移；如果加上交变电压，光点就在水平方向来回移动，当交变电压变化很快时就会形成一条水平方向的光亮直线。如果在 Y 轴偏转板上加上直流电压，光点就在垂直方向上移动；如果加上交变电压，光点则会来回移动，当交变电压变化很快时就会形成一条垂直方向的光亮直线。如果在两组偏转板上都加上交变电压，光点就在整个平面上运动，运动路线由所加的两个电压决定。采取一定的操作步骤，使运动路线稳定地显现出来，就能看到由两个交变电压所决定的图形。

示波器最基本的用途是观察电信号的变化情况。机内会产生一个扫描电压 u_x，如图 3.2.2 所示，将扫描电压加至 X 轴偏转板的左右两个极板，在扫描电压匀速上升的一段时间内，光点位置从左向右做匀速运动。如果这时在 Y 轴偏转板上加上待测信号 u_y，如图 3.2.2 所示，荧光屏上就会出现一段待测信号的图像。

在扫描电压下降的一段时间内，示波器自动关闭阴极射线示波管的电子束，以免出现不需要的回扫图线。当扫描电压再次上升后，会再次显示一段待测信号的图线，但这段图线往往与上一段不一致，为了避免这种情况，机内设有控制电路，使扫描电信号与待测信号同步。扫描电压下降后等待一段时间，在待测信号达到某一个设定电压时再开始上升扫描,如图 3.2.2 所示,从而使每次上升扫描时所显示的图线相同,以便能观察到一个稳定的图像,这就是同步电平控制原理。一般说来,在待测信号的一个周期内电压相同的点至少有两个,其中一个点处于上升沿,另一个点处于下降沿,示波器用一个开关加以选择,"＋"号选择上升沿的点,"－"号选择下降沿上的点。

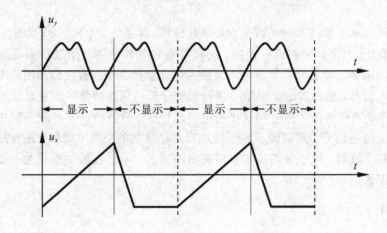

图 3.2.2

图 3.2.3 是 ST16 型示波器的面板,面板左上方是阴极射线示波管的荧光屏,面板右上方 W3a 是亮度调节电位器(顺时针方向转动加亮),W3b 和 W3c 分别为电子束聚焦调节电位器和辅助聚焦电位器,K1 是电源开关,CD1 是电源指示灯。

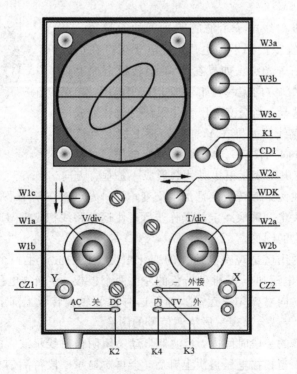

图 3.2.3

面板左下方控制 Y 轴系统。波段开关 W1a 的第一挡位自动向 Y 轴输入 50 Hz、100 mV峰值的方波校准信号，其余的挡位是电压量程控制，指示每格伏特数，当选在 2 V 挡上时，光点在垂直方向移动一格表示输入电压变化 2 V。W1b 是微调 Y 轴放大数倍的电位器，用于定性观察图形，当定量记录图形时应将其顺时针方向右旋转到底。W1c 是用于上下移动图像的电位器。CZ1 是 Y 轴信号输入插座。K2 是输入信号控制开关，"AC"挡位只可输入信号的交流成分，隔离直流成分；"关"挡位关闭输入信号；"DC"挡位可通过信号中的交直流成分。

面板右下方控制 X 轴系统。波段开关 W2a 用于时间量程控制，指示每格代表的时间，当选在 2 ms 挡位时，光点在水平方向移动一格表示时间变化 2 ms。W2b 是微调 X 轴时间量程的电位器，用于定性观察图形，当定量记录图形时应将其顺时针方向右旋转到底。W2c 用于水平方向移动图像的电位器。WDK 是最重要的同步控制电位器，用于选择扫描信号的触发电平。顺时针方向旋转时所选电平上升，如果所选电平超出输入信号的电平范围，示波器将停止 X 轴的扫描电压振荡；把 WDK 顺时针方向旋转到底时 X 轴自激扫描振荡，扫描信号与输入信号不能自动同步。K3 是扫描控制三挡开关；"＋"挡位选择在信号的上升沿触发；"－"挡位选择在信号的下降沿触发；"外接"挡位表示 X 轴直通插座 CZ2 上输入的外来信号。K4 是选择触发源三挡开关，"内"挡位根据 Y 轴输入的信号触发；"TV"挡位根据 Y 轴输入的电视信号触发；"外"挡位根据插座 CZ2 输入的外来信号触发。

【实验仪器】

本实验用到的实验仪器有：示波器、待测信号源、信号同轴电缆。

【实验内容】

（1）熟悉示波器各个旋钮开关的功能，开机预热示波器 2 min。

（2）了解示波器面板上各个旋钮的作用。学习用示波器观察稳态电信号的波形并进行定量记录，数据可记录在表 3.2.1 中。

*（3）图 3.2.4 是待测信号源，将示波器信号同轴电缆的地线接 G 点，芯线分别接信号源的 A、B、C、D、E 和 F 点，定量观察记录 6 个信号的图形。

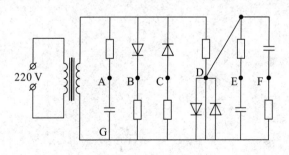

图 3.2.4

*（4）用两台低频正弦信号发生器，分别将信号接至示波器的 X 轴和 Y 轴，观察并记录所看到的现象和图形，两个信号的频率比选择 1：1、1：2 和 2：3 等。

表 3.2.1

信号频率/Hz	100	300	2000
信号电压/V	3	2	1.5
Y 轴挡位/V·div			
X 轴挡位/ms·div			
U_{P-P}/V			
T/ms			
f/ms^{-1}			

【思考题】

(1) 试述同步控制电位器 WDK 的作用。

(2) 三挡输入控制开关 K2 有什么作用？

(3) 说明扫描控制开关 K3 的作用。

实验 3.3　电学元件的"电流—电压"特性的测定

用不同材料、不同工艺制作的电学元件往往有不同的"电流–电压"(以下简称"$I-U$")特性。了解电学元件的"$I-U$"特性是正确应用电学元件的前提。对于定型的元器件来说,通常可以查手册来了解它的特性,但对使用者来说,正确认识和理解元器件的性质仍然具有一定困难。对于新研制的电学元件,则必须通过测定才能了解其"$I-U$"特性。本实验学习测定电学元件的"$I-U$"特性,着重于对"$I-U$"特性的理解以及掌握测量"$I-U$"特性的方法。

【实验目的】

(1) 学习用电流表和电压表来测量电学元件"$I-U$"特性的方法。
(2) 了解不同电学元件的"$I-U$"特性的多样性、差异性。

【实验原理】

1. 电表接入方式

测定电学元件的"$I-U$"特性,其本质是找出通过该元件的电流随其两端电压变化的规律。实验测定时,只要找出有代表性的若干组数据,然后作出"$I-U$"特性曲线即可。测量电流和电压值,最简单的方法是使用电流表和电压表,其接入方式有电流表外接法和电流表内接法两种。

如图 3.3.1 所示,电压表接在元件两端,电流表接在电压表之外,这种连接方法称为电流表外接法。该电路电压表测得值是元件两端电压的真实值 U。但电流表测得值 I 并非是通过元件的电流 I_x,它比 I_x 要大,其值还包括通过电压表的电流 I_V,所以流过元件的实际电流 I_x 为

$$I_x = I - I_V = I - \frac{U}{R_V} \tag{3.3.1}$$

式中:R_V 为电压表内阻。也就是说,若知道电压表内阻 R_V,则可以对测得的电流进行修正,从而得到真实的通过元件的电流值。只有当电压表内阻 R_V 很大(与被测元件的阻值相比)时,这种修正才可以忽略。

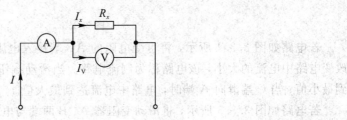

图 3.3.1

如图 3.3.2 所示，电流表与元件串联，电压表接在电流表与电学元件两端，这种连接方法称为电流表内接法。该电路中电流表测得值 I 是真实通过元件的电流值；但电压表测得的值 U 为元件两端电压 U_x 和电流表两端电压 U_A 之和，所以元件两端电压 U_x 为

$$U_x = U - U_A = U - IR_A \tag{3.3.2}$$

式中：R_A 为电流表内阻。若电流表内阻已知，则可对测得的电压值进行修正，从而得到真实的加在元件两端的电压值 U_x。只有当电流表内阻 R_A 很小（与被测元件的阻值相比）时，这种修正才可以忽略。

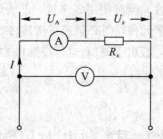

图 3.3.2

由此可见，电表的这两种接法，直接测得值都存在测量误差，但是这种误差可以通过理论分析进行修正，这种误差称为系统误差。为了减小测量误差，则要根据元件的阻值、电流表和电压表的阻值来合理选择测量电路，否则若不进行修正，测量误差是不能忽略的。

2. 调节电路中电流和电压的方法

当电源电压固定不变时，在直流电路中，为了改变电路中电流或电压，经常用滑动变阻器来调节。滑动变阻器如图 3.3.3 所示。A、B 两端为固定电阻接线端钮，C 端为滑动端钮。滑动 C 端，在 A、C（或 B、C）间电阻值是可变的。利用滑动变阻器电阻的可变性，可用来调节电路中的电流或改变电路两端的电压，具体情况可分以下两种：

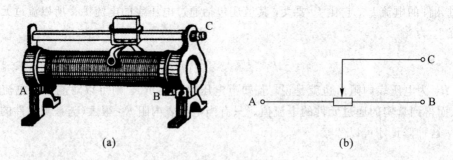

(a)   (b)

图 3.3.3

若电路如图 3.3.4 所示，将可变电阻的 AC 端接入电阻中，改变滑动端钮的位置，可改变电路中电流的大小，该电路称为制流电路。当滑动端钮 C 滑向 B 端时，电路中电流达到最小值；当 C 端滑向 A 端时，电路中电流达到最大值。

若电路如图 3.3.5 所示，将滑动变阻器 A、B 两端与电源构成一个回路，用电器（电学元件）接在 BC 两端，则用电器两端的电压与 U_{BC} 相同；当 C 端滑向 B 端时，U_{BC} 减小为零；当 C 端滑向 A 端时，$U_{BC} = U_{AB}$，输出电压达最大值，接近电源电压。因为用电器上的电压

U_{BC}是电源电压中分出来的一部分,故这种电路称为分压电路。分压电路输出的电压可以从零到达电源电压之间的任何数值,所以实验中经常采用这种电路来调节电路中的电压(或电流)。

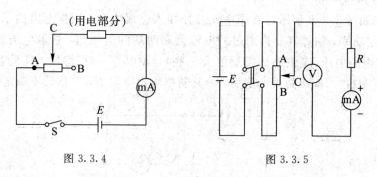

图 3.3.4　　　　　　　　　　　　图 3.3.5

3. 电学元件"I-U"特性的多样性

不同材料制作的电学元件的"I-U"特性是不同的。例如,金属导体的"I-U"特性在恒温情况下为线性关系,称为线性元件,如图 3.3.6 所示;而半导体二极管、热敏电阻等元件的"I-U"特性为曲线关系,称为非线性元件,如图 3.3.7 所示。

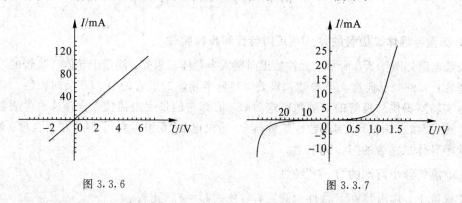

图 3.3.6　　　　　　　　　　　　图 3.3.7

"I-U"特性不仅与材料有关,也与其制作工艺、温度等其他因素有关。例如,同为金属导体,钨丝灯泡的"I-U"特性表现为非线性(为什么?请同学们思考);不同工艺条件下制成的半导体二极管,其非线性的具体情况又各具特色。例如,整流二极管和稳压二极管的正向特性比较相似,但反向特性则有很大的差异。整流二极管的反向电流极微(在反向击穿电压以内);而随着反向电压的增加稳压二极管的反向电流也逐渐增大,到达某一个电压附近,电流增长十分迅速,而二极管两端电压几乎不变,所以这种二极管可以稳定电路的电压,"稳压管"由此得名。另外,即使是同一型号的电学元件,它们的"I-U"特性往往也有量的差异,这就是不同元件的个性和特殊性。

【实验仪器】

本实验用到的实验仪器有:直流电源、滑线变阻器、电压表、电流表、电阻、二极管、单刀双掷开关及导线等。

【实验内容】

1. 测量金属电阻的"$I-U$"特性

安装电路如图 3.3.8 所示。在图中元件处接入金属电阻，根据电阻的示值（或用电阻表粗测）和额定功率，估算其允许通过的电流值和两端的电压值，选取电流表和电压表的量程，并确定电源电压（应该略比需要值大一些）。测其"$I-U$"特性。实验数据组数自定（建议在 10 组左右）。作出特性曲线后，由其斜率求出电阻值，并估计不确定度。

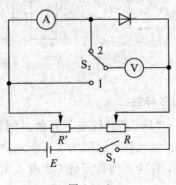

图 3.3.8

2. 测量半导体二极管的"$I-U$"正向特性和反向特性

安装电路如图 3.3.8 所示。元件处正向接入半导体二极管，测量半导体二极管的"$I-U$"正向特性；元件处反向接入半导体二极管，测量半导体二极管的"$I-U$"反向特性。

由实验室提供二极管的型号和额定功率，估算它的最大电流值，合理选取电表量程和电源电压（要留有馀量）。实验数据组数自定（建议也取 10 组左右），但分布要合理，要能真实反映半导体二极管的"$I-U$"特性。

*3. 测钨丝小灯泡的"$I-U$"特性

要求同上，作出"$I-U$"特性曲线后，与公式 $U=kI^n$ 比较。

【思考题】

(1) 测量电学元件的"$I-U$"特性曲线时，为什么通常采用分压电路来调节元件两端的电压？

(2) 本实验用数字式电压表有什么优点？模拟式电表和数字式电表的量程应该怎样选取？数据的有效数字应该怎样读取？

(3) 描绘特性曲线时，应该怎样选取坐标纸，坐标轴分度要注意哪些方面？求直线斜率时数据应该如何选取？

实验 3.4　用惠斯通电桥测电阻

　　惠斯通电桥(Wheatston Bridge)又称单臂电桥，是直流比较测量法中的一种，由于惠斯通首先将电桥用于电阻的精确测量，于是后人称之为惠斯通电桥。惠斯通电桥的灵敏度和准确度都较高，再加上其独具匠心的设计，虽然历经一百多年，至今仍然是电磁测量的重要仪器之一。电桥电路有很多的种类，惠斯通电桥只是其中的一种，主要用来精确测量中值电阻($10\sim10^{6}$ Ω)。

【实验目的】

　　(1) 掌握惠斯通电桥的结构特点及测量电阻的原理。
　　(2) 了解电桥的灵敏度概念及其测量方法。
　　(3) 学会正确使用箱式(成品)电桥测电阻。

【实验原理】

1. 惠斯通电桥的电路原理

　　惠斯通电桥的电路原理图如图 3.4.1 所示。四个电阻 R_1、R_2、R_0、R_x 联成一个四边形，每条边称为电桥的一个臂，连接点 A、B、C、D 称为电桥的顶点。对角点 A 和 C 接工作电源 E，另一对角点 B 和 D 之间连接检流计 G。连接电源的支路 AC 称为电源对角线，连接检流计的支路 BD 称为测量对角线。所谓"桥"就是指这条对角线，它的作用是将电桥的两个顶点 B 和 D 的电势进行比较。四个桥臂中电阻 R_1 和 R_2，称为比例臂；R_0 称为比较臂，R_x 称为待测臂；可变电阻 R_h 为保护检流计而设。

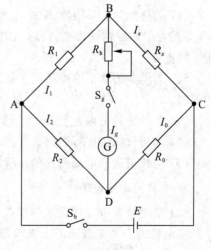

图 3.4.1

　　使用中选择好比例臂电阻 R_1、R_2，调节比较臂 R_0，当 B、D 两点电势相等(即 $U_B=U_D$)时，检流计无电流通过($I_g=0$)，电桥达到平衡，此时有 $U_{AB}=U_{AD}$ 及 $U_{BC}=U_{DC}$，即有

$$I_1R_1=I_2R_2,\ I_xR_x=I_0R_0 \tag{3.4.1}$$

考虑到此时 $I_g=0$，有 $I_1=I_x$，$I_2=I_0$，因此得

$$\frac{R_1}{R_2}=\frac{R_x}{R_0} \tag{3.4.2}$$

即

$$R_x=\frac{R_1}{R_2}R_0 \tag{3.4.3}$$

若 R_1、R_2、R_0 为已知(或 R_1/R_2 和 R_0 为已知),则 R_x 即可由式(3.4.3)求出。

2. 电桥的灵敏度

电桥测量电阻的原理公式(3.4.3)是在电桥平衡条件下导出来的。在实际测量中,判断电桥是否平衡,可通过观察检流计有无偏转。但检流计的灵敏度以及人眼的分辨率总是有限的,无法检测小到一定程度的电流。假设存在电桥,$R_1/R_2=1$ 时调到平衡,则有 $R_x=R_0$。这时若将 R_0 改变一个量 ΔR_0,电桥就会失去平衡,从而有电流 I_g 流过检流计。但如果 I_g 小到使检流计觉察不出来,那么我们就会认为电桥还是平衡的,因而得出 $R_x=R_0+\Delta R_0$,ΔR_0 就是由于电桥灵敏度不够而带来的测量误差 ΔR_x。为了定量分析电桥灵敏度与测量误差的关系,引入电桥相对灵敏度 S 的概念,其定义为

$$S=\frac{\Delta n}{\Delta R_x/R_x} \tag{3.4.4}$$

式中:ΔR_x 是在电桥平衡后 R_x 的微小改变量,Δn 是由于电桥偏离平衡而引起的检流计的偏转格数。S 越大,说明电桥越灵敏,带来的测量误差也就越小。对于电桥灵敏度的测量,由于待测电阻 R_x 实际上是不能改变的,所以通常是用改变比较臂 R_0 来测量 S。电桥达到平衡后,对 R_0 作一微小改变 ΔR_0,若引起电桥检流计偏离平衡位置 Δn 格,则电桥灵敏度近似地有

$$S\approx\frac{\Delta n}{\Delta R_0/R_0} \tag{3.4.5}$$

实验和理论都已证明,电桥灵敏度与以下几方面因素有关:

(1) 与检流计的灵敏度 S_i 成正比。但若 S_i 值太大电桥就不易平衡,平衡调节比较困难;S_i 值小,测量精度则会降低。因此在用惠斯通电桥测量电阻时,选用适当灵敏度的检流计很重要。

(2) 与电源的输出端电压成正比。但电源电压的增加应受到各桥臂电阻允许通过电流的限制。

(3) 与检流计的内阻有关。R_g 越小,电桥的灵敏度越高。

(4) 与桥臂比 R_1/R_2 的配置有关。

(5) 与检流计和电源所接的位置以及电源的内阻等有关。

3. 电桥的测量误差

(1) 由电桥灵敏度而引入的误差。

当电桥的不平衡情况无法被检流计检测时,测量结果 R_x 将有一个相应的不确定值。例如,对应于一定的 R_1、R_2、R_x,调节 $R_0=1000\ \Omega$ 时达到平衡;而调节 $R_0=1020\ \Omega$ 时,检流计偏离零点 1 格。假定以 1/10 格作为检测难以分辨的界限,则由此调节而引起的 R_0 的测量误差就为 2 Ω。

由式(3.4.5)可得,检流计偏离平衡 1 格所需 R_0 的相对变化为

$$\frac{\Delta R_0}{R_0}=\frac{1}{S}$$

以 1/10 格为人眼分辨的界限,则由此而产生的 R_0 的相对误差为

$$\frac{\Delta R_0'}{R_0}=\frac{\Delta R_0/10\Delta n}{R_0}=\frac{1}{10S} \tag{3.4.6}$$

（2）由桥臂电阻准确度等级引起的误差。

电桥测量中，即使不考虑电桥灵敏度，由于桥臂 R_1、R_2、R_0 本身的准确度等级，也会引起测量误差，根据间接测量不确定度的估计方法，可得

$$\frac{\Delta R_x}{R_x} = \frac{\Delta R_1}{R_1} + \frac{\Delta R_2}{R_2} + \frac{\Delta R_0}{R_0} \tag{3.4.7}$$

式中：$\Delta R_i/R_i (i=0,1,2)$ 由各电阻的准确度等级确定。

对于桥臂比 R_1/R_2 引起的误差，通常可以用交换比例臂的方法来消除，即分别测出比例臂交换前、后（比例臂数值不改变）电桥平衡时比较臂 R_0 的示数 R_{01} 和 R_{02}，则由式（3.4.3）可得

$$R_x = \sqrt{R_{01}R_{02}} \tag{3.4.8}$$

若桥臂 R_1、R_2 基本相等，则 R_{01} 和 R_{02} 相差甚小，这时有

$$R_x \approx \frac{R_{01} + R_{02}}{2} \tag{3.4.9}$$

4. 箱式（成品）惠斯通电桥

箱式（成品）惠斯通电桥的基本线路与上述相同，只是把整个仪器都装在箱内，便于携带与操作。QJ23 型直流电阻电桥面板外形如图 3.4.2 所示，内部线路如图 3.4.3 所示。

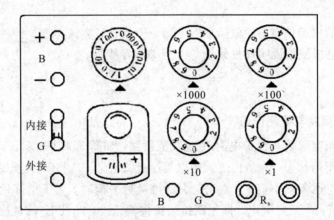

图 3.4.2

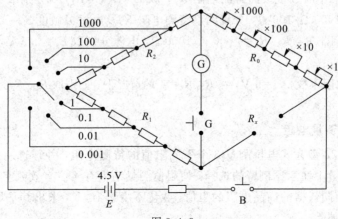

图 3.4.3

测量盘由"×1"Ω"×10"Ω"×100"Ω"×1000"Ω 四组十进式开关盘组成；量程变换器采用并值式，其总阻值为 1000 Ω，因此量程变换器开关上电刷接触电阻归纳到电源回路，对电桥精度没有影响。

内部电阻全部采用低温度系数锰铜线，以无感式绕制于瓷管上，并经过人工老化和浸漆处理，故阻值稳定、准确。

按钮"B"和按钮"G"在测量时使用，可分别接通电源和指零仪。

图 3.4.2 中，左上角旋钮是比例臂选择开关，也称为倍率旋钮，相当于 R_1/R_2。该旋钮左面就是内附检流计，其上有调零旋钮，用于调节检流计机械零位。下方四只调节盘就是电桥比较臂，相当于图 3.4.1 中的 R_0。右下角有待测电阻 R_x 的两个连接端钮。在左下角有"B"和"G"两个按钮开关，分别为接通电源和检流计的开关（如需长时间接通，可在按下开关后沿顺时针方向旋转即可锁住）。为了便于测量，箱式电桥中使比例臂 R_1/R_2 的值为十进固定值（分 0.001、0.01、0.1、1、10、100、1000 共七挡），由一个旋钮调节，电阻 R_0 为一个四档电阻箱。测量时，应根据待测电阻数值适当选取比率值，务必使 R_0 能有四位读数。例如，待测电阻为几十欧姆，则比率应选用 0.01 挡。另外在测量电感性直流电阻时，应先按"B"按钮再接通"G"按钮，断开时先放开"G"按钮再放开"B"按钮。

【实验仪器】

本实验用到的实验仪器有：电阻箱（3 个）、检流计、直流电源、待测电阻、箱式电桥（QJ-23 型箱式电桥使用说明详见附录 7）、开关和导线等。

【实验内容】

1. 用电阻箱组装电桥测电阻

用待测电阻及电阻箱和保护电阻 R_h 连接成桥路，如图 3.4.1 所示。开始操作时，电桥一般处在很不平衡的状态，为防止过大的电流通过检流计，应将 R_h 调至最大。随着电桥逐步接近平衡，R_h 也逐渐减小至零。另外，在电桥接近平衡时，为了更好地判断检流计电流是否为零，应反复通、断电键 K_g（即用跃接法按接检流计，此处 K_g 就是检流计的"电计"按钮），细心判断检流计指针是否有偏转。

(1) 选取一个千欧数量级的待测电阻 R_x，取 $E=5$ V，R_1/R_2 分别取 1000 Ω/1000 Ω，100 Ω/1000 Ω，1000 Ω/100 Ω，分别测量待测电阻 R_x 及电桥灵敏度 S。

(2) 待测电阻不变，$R_1/R_2=1000$ Ω/1000 Ω，电源分别取 $E=2.5$ V，10 V，15 V，分别测量 R_x 及 S。

*(3) 待测电阻不变，$E=5$ V，在 $R_1/R_2=1$ 的情况下，分别取 R_1、R_2 为 1000 Ω，100 Ω，10 Ω，测量 R_x 及 S。

2. 箱式电桥测量电阻

(1) 用 QJ-23 型箱式电桥测量 3 个不同阻值的待测电阻，并任选一个电阻测箱式电桥的灵敏度。测量中注意比例臂的选择，使阻值测量结果有 4 位有效数字。

*(2) 测量相同规格的商品电阻的阻值，数量不少于 10 个，求出其平均值及标准误差，如有废品应予以剔除。

(3) 数据记录及处理，如表 3.4.1 所示。

表 3.4.1

U/V	R_1/Ω	R_2/Ω	R_0/Ω	R_x/Ω	Δn	ΔR	$S=\dfrac{\Delta n}{\Delta R_0/R_0}$
	1000	1000					
5	100	1000					
	1000	100					
2.5	1000	1000					
10	1000	1000					

【思考题】

(1) 根据电阻箱组装电桥的测试结果，说明电桥灵敏度与哪些因素有关？

(2) 电桥灵敏度是什么意思？如果测量电阻要求由此引起的误差小于 5/10000，那么电桥灵敏度应多大？电桥灵敏度是否越高越好？

(3) 用惠斯通电桥测电阻时，如发现检流计指针：① 总是偏向一边；② 总是不偏转。试分别指出其原因或故障出在何处？

(4) 用电桥测量电阻，直流电源不太稳定对测量结果有何影响？如电源电压太低或太高，将对测量产生何种影响？如果改变电源极性，对测量结果有无影响？

(5) 当惠斯通电桥达到平衡时，若互换电源与检流计位置，电桥是否仍保持平衡？试证明之。

(6) 取 R_1 等于 R_2，调节电桥平衡，如果从 A、B、C、D 各点（见图 3.4.1）到电桥各臂的导线长短粗细都一样，但导线电阻不可忽略，这时导线电阻是否影响测量结果？R_1 不等于 R_2 的情况又如何呢？

(7) 在箱式电桥中选择比例臂倍率的原则是什么？假如 $R_x=200\ \Omega$，用 QJ23 型电桥测量时，能否选择比例臂的倍率为 1 或 0.01？为什么？

(8) 中学实验里用滑线电桥测量待测电阻值，它的平衡条件是什么？滑动头在什么位置时测量精度最高？为什么？

(9) 如何用电桥测定电表内阻？可用什么办法保护待测电表？根据电桥平衡的特点，可否将桥路中的检流计去掉，而用待测电表来判别电桥的平衡？如何判断？

(10) 电桥能否用来测量非线性电阻？

(11) 试述其他测量电阻的方法。

实验 3.5　用双臂电桥测量低值电阻

前面提及的惠斯通电桥是一种主要用来精确测量几十欧姆至几百千欧姆中值电阻的仪器,但对于低值电阻(例如低于 1 Ω 的电阻),由于电路中接线电阻和接触电阻(数量级为 $10^2\,\Omega \sim 10^5\,\Omega$)的影响,用其测量将产生很大的测量误差。要准确地测量低值电阻,就必须设法消除接线电阻和接触电阻对测量结果的影响。1887 年,英国著名物理学家开尔文(Lord Kelvin)发明了双臂电桥,解决了低值电阻的测量问题。开尔文一生对物理学的贡献是巨大的,他不但是热力学的奠基人之一,在电磁学的研究中也成果卓著。为了纪念他在电磁测量方面的贡献,双臂电桥又称为开尔文电桥。

【实验目的】

(1) 了解双臂电桥的结构原理和消除接线电阻及接触电阻的方法。
(2) 掌握用双臂电桥测量低电阻的方法。

【实验原理】

1. 双臂电桥的基本原理

在阐述双臂电桥原理前,首先需要了解接线电阻和接触电阻是怎样对低电阻测量结果产生影响的。用电流表和电压表采用伏安法测低值电阻 R_x。其接线图如图 3.5.1(a)所示。考虑到接线电阻和接触电阻,其等效电路如图 3.5.1(b)所示。其中 r_1、r_2 分别是 A、B 两连接点的接触电阻和连接点到电阻 R_x 的导线电阻,r_3、r_4 分别是 A、B 点的接触电阻和连接电压表的导线电阻。通过电流表的电流 I 在接头 A 处分为 I_1、I_2 两支,I_1 流经 r_1、R_x、r_2,I_2 流经 r_3、电压表、r_4。根据分析可认为 r_1、r_2 与 R_x 串联,r_3、r_4 与电压表串联。因此,电压表指示的电压值为($r_1+R_x+r_2$)两端的电压。对于低值电阻 R_x 而言,通常 r_1、r_2 与其具有相同的数量级,甚至比 R_x 还大几个数量级,因而用电压表的读数作为 R_x 上的电压来计算,就无法得出准确的结果。

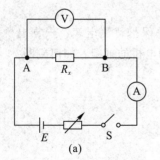

(a)

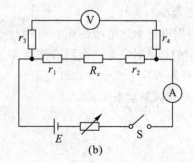

(b)

图 3.5.1

为了解决上述测量的困难,可以把 R_x 的连接方式改为如图 3.5.2(a)所示电路,其等效电路如图 3.5.2(b)所示。该电路是将低值电阻 R_x 两侧的接点分为两个电流接点(C、C)和两个电压接点(P、P),由于电压表的内阻远远大于 r_3、r_4,这样电压表的读数就是 R_x 的 PP 两端的电压,不包含 r_1、r_2 上的电压。因此,四接点测量电路使低值电阻测量成为可能。

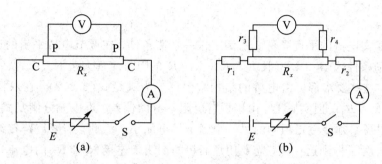

图 3.5.2

由此可见,测量电阻时,将通电电流的接头(简称电流接头)和测量电压的接头(简称电压接头)分开,并且把电压接头放在内侧,就可以避免接触电阻和接线电阻的影响。一些准确度等级较高的标准电阻上一般都设有这两对接线端,详细情况可参见本章开头"电磁学实验基础知识"部分的相关内容。

把这个思路运用到单臂电桥电路中,即可发展成如图 3.5.3 所示的双臂电桥电路。当电桥达到平衡时,检流计中电流 $I_g = 0$,这时 S′、T′ 两点等电势。按基尔霍夫第二定律可列出如下 3 个回路方程:

$$I_1 R_1 = (I_r + I_3) R_x + I_3 R_3$$
$$I_1 R_2 = (I_r + I_3) R_N + I_3 R_4$$
$$I_3 (R_3 + R_4) = I_r r$$

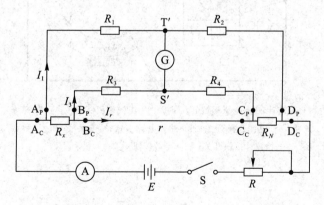

图 3.5.3

将上面 3 方程联立求解,消去 I_1、I_3、I_r 可得

$$R_x = \frac{R_1}{R_2} R_N + \frac{R_4 r}{R_3 + R_4 + r}\left(\frac{R_1}{R_2} - \frac{R_3}{R_4}\right) = \frac{R_1}{R_2} R_N + \Delta \tag{3.5.1}$$

与单臂电桥相比,双臂电桥的平衡条件多出第二项(又称更正项),即

$$\Delta = \frac{R_4 r}{R_3 + R_4 + r}\left(\frac{R_1}{R_2} - \frac{R_3}{R_4}\right)$$

由上式可以看出，当满足条件

$$\frac{R_1}{R_2}=\frac{R_3}{R_4} \tag{3.5.2}$$

式(3.5.1)中的第二项 $\Delta=0$，则有

$$R_x=\frac{R_1}{R_2}R_N \tag{3.5.3}$$

上式即为开尔文电桥的平衡条件。为满足这一平衡条件，在调节电桥平衡的过程中，必须始终满足辅助条件式(3.5.2)，且 R_1、R_2、R_3、R_4 的阻值应远大于 R_x、R_N 及线路接线电阻和接触电阻，这些要求都可由电桥的结构来保证。为满足式(3.5.2)，在双桥结构中通常令 $R_1=R_2$，$R_3=R_4$。但实际上，由于桥臂电阻本身的偏差，难以充分满足式(3.5.2)的成立要求，所以还必须使更正项中的另一个因子尽可能小。为此，需要使跨接线的电阻 r 尽可能地减小。为了做到这一点，需要用短而粗的铜线来连接 R_x 和 R_N 的电流端钮。采取上述措施后，双桥测量电阻的公式与单桥相同，可用式(3.5.3)来计算。

2. 箱式(成品)双臂电桥简介

箱式(成品)双臂电桥有两种类型，一种是比值 R_1/R_2 固定，调节 R_N 使电桥达到平衡；另一种是固定比较电阻 R_N，调节比值 R_1/R_2 使电桥达到平衡。下面介绍的 QJ42 型电桥属于第一种类型，面板排列如图 3.5.4 所示。

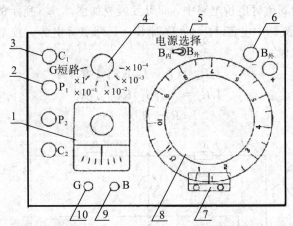

1—检流计；2—电压端钮(P_1、P_2)；3—电流端钮(C_1、C_2)；4—倍率选择；5—电源选择开关；6—外接电源端钮；7—标尺；8—读数盘 R_N；9—检流计按钮开关；10—电源按钮开关

图 3.5.4

3. 使用方法

(1) 在仪器背面电池盒中装上 3~6 节 1 号电池，或在外接电源接线柱"$B_{外}$"上接入1.5 V直流电源，并将"电源选择"开关调至相应的位置。

(2) 将检流计指针调到"0"位。

(3) 将被测电阻 R_x 按图 3.5.5 所示的四端接线法接在电桥相应的接线柱上。其中 A、B 两点之间为被测电阻 R_x，

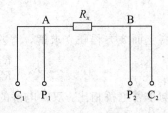

图 3.5.5

AP_1 和 BP_2 为电压端引线，AC_1 和 BC_2 为电流端引线。

（4）估计被测电阻的阻值，将倍率开关旋到适当的位置上，按下按钮"B"和"G"，并调节读数盘 R_N，使检流计指针重新回到零位（即电桥平衡），则被测电阻的阻值为

$$R_x = M \cdot R_N$$

式中：M 为倍率开关示值，R_N 为读数盘示值。

4. 注意事项

（1）测量 $0.0001 \sim 0.01$ Ω 电阻时，工作电流较大，按钮"B"应间歇使用。

（2）测量具有大电感的电阻时，为了防止损坏检流计，接通时应先按"B"按钮，后按"G"按钮，而断开时应先放"G"按钮后放"B"按钮。

（3）使用完毕，应将倍率开关旋到"G 短路"位置上。

【实验仪器】

本实验用到的实验仪器有：电阻箱、标准电阻、检流计、螺旋测微器、米尺、待测低值电阻、滑线变阻器、箱式（成品）双臂电桥、甲电池或稳压电源、电键及导线等。

【实验内容】

1. 双臂电桥组装与测量

用电阻箱、标准电阻、待测电阻、检流计等按图 3.5.3 组装双臂电桥。标准电阻作比较电阻 R_N，电阻箱作为比例臂 R_1、R_2、R_3、R_4，R_N 与 R_x 之间用粗导线连接。

（1）测量电流表零点几安培挡和几安培挡的内阻。

（2）测量容量较大的变压器次级线圈的电阻。

取 $R_2 = 100$ Ω、200 Ω、300 Ω，分别测量 3 次取平均值。注意：测量调节过程中，始终保持 $R_1 = R_2$、$R_3 = R_4$，则 $R_x = (R_1/R_2)R_N$。

2. QJ42 型箱式双臂电桥的使用

（1）测量金属圆棒的电阻率。

① 分别测出铜棒与铁棒的电阻值。

② 用米尺分别测出对应于铜棒和铁棒的 P_1、P_2（见图 3.5.5）间的距离 L，测量 3 次取平均值。

③ 用螺旋测微器测量两待测金属棒的直径 D，在不同位置测 5 次，求平均值。

④ 根据公式

$$\rho = R\frac{S}{L} = \frac{\pi D^2}{4L}R$$

求出待测金属棒的电阻率 ρ，并以 $\rho = \rho + \Delta\rho$ 表示结果。$\Delta\rho$ 用误差传递公式

$$\frac{\Delta\rho}{\rho} = 2\frac{\Delta D}{D} + \frac{\Delta L}{L} + \frac{\Delta R}{R}$$

来计算（其中 $\Delta R/R$ 取电桥的级别）。

*（2）测定箱式双臂电桥的灵敏度（方法与单臂电桥类似）。

【思考题】

(1) 双臂电桥与单臂电桥有哪些异同点?

(2) 双臂电桥中的 R_1、R_2、R_3、R_4 的阻值都应该选得大一些,为什么?

(3) 实验中连线时,哪些部分应该用粗而短的导线为好?哪些部分可不作要求?为什么?

(4) 如果低电阻的电流端钮和电压端钮互相错接,对测量结果有什么影响?为什么?

(5) 为了减小电阻率 ρ 的测量误差,对于三个直接测量的被测量 R_x、D 和 L,应特别注意哪个物理量的测量?为什么?

(6) 在双桥线路中,如果待测电阻 R_x 的 A_P 与 B_P 相互交换而错接(参见图 3.5.3),试问电桥能否平衡?会产生什么现象?

(7) 怎样测量两根导线连接点的接触电阻?

实验 3.6　组装电势差计

电势差计是一种测量电动势(或电势差)的精密测量仪器,它是利用比较测量法中的电势补偿原理设计的。与电压表相比较,电势差计测量时不需要被测电路提供电流,不会改变电路中电压与电流分布的原状,因而也不会引入用电压表测量时带来的接入误差,是一种理想的测量电动势(或电势差)的仪器。借助标准电阻等器件,电势差计还可以测量电流、电阻等其他电学量;借助于类似热电偶的换能元件,还可以进行温度等非电学量的测量。将电势差计原理与电子技术相结合,产生了电子电势差计,它是工业自动化测量和自动控制的重要仪器之一。随着电子技术的发展,数字式电表以其极大的内阻以及相当高的准确度在许多领域逐渐替代了传统的电势差计,但电势差计所依赖的电势补偿原理仍然是电学测量的基本方法之一。本实验在理解电势补偿原理的基础上,学习用电阻箱等仪器组装电势差计。

【实验目的】

(1) 了解直流电势差计的工作原理。
(2) 用组装直流电势差计测量电池电动势及内阻。

【实验原理】

1. 补偿法测电动势(或电势差)的原理

如图 3.6.1 所示的电路,两直流电源的同极性端相连接,E_x 为待测电动势(或电势差),E_0 为已知电势差且可调的电源。调节变阻器滑动端 C,使检流计的指示值为零,此时表明在这一电路中两电源的电动势大小相等,方向相反。这种情况下,称电路达到补偿。在补偿条件下,有

$$E_x = E_0 \tag{3.6.1}$$

因此,待测电动势 E_x 可由 E_0 求得。利用上述补偿原理测量未知电动势和电势差的方法,称为电压补偿法。按此原理构成的仪器称为电势差计。

要精确测出 E_x,必须使分压器(变阻器)上的电压标度稳定且准确,这就要求分压器中电流符合设定值。因此,实际中的电势差计会在电源回路中接入一个可变电阻 R,如图 3.6.2 所示,称为工作电流调节电阻,E 和 R 串联后向分压器供电,若 E 发生变化,则可调节 R,使加到分压器两端的电压保持不变,从而保证分压器上的电压标度不变。要做到这一点,需要一个已知电动势的标准电池 E_s(详见本实验末附录 8),通过双刀双掷开关 S 将其接在待测电压位置,然后将分压器调到标度等于 E_s 的 O′ 处。此时若检流汁 G 中没有电流,则说明电压 $U_{OO'}$ 与 E_s 能互相补偿,分压器上的电压标度值正确;若 G 中有电流,则说明标度值不正确,此时,调节 R 使 G 中电流为零,经校准后,电位差计就能按标度值进行测量了,这个过程称为电位差计的工作电流标准化。

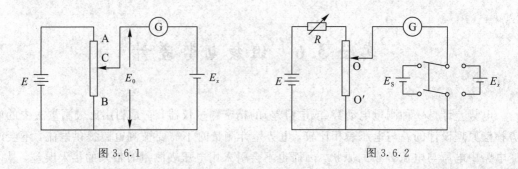

图 3.6.1   图 3.6.2

测量时先通过双刀双掷开关 S 将待测电动势 E_x 接入补偿回路，调节分压器滑动端 O'，使检流计 G 的电流为零，这时可根据分压器上的电压标度值正确测量出待测电动势 E_x 的值。需要注意的是，为了保证电路能按电势补偿原理正确工作，电源、标准电池、待测电势差的正负极性不能接错。此外还应注意保证测量时校准好的工作电流不能变化。

2. 组装直流电势差计

组装直流电势差计的电路原理图如图 3.6.3 所示，图中 E 为工作电源，G 为检流计，R_1、R_2、R_3 均为 ZX21 型电阻箱，E_s 为标准电池，E_x 为待测电池，S_2 为双刀双掷开关。根据上面所述的测量原理，用其测量待测电池 E_x 的电动势应分两步进行：

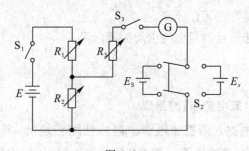

图 3.6.3

（1）校准电势差计。

根据电路原理图并结合前面所述的测量原理，不难看出，电阻箱 R_1 为工作电流调节电阻。为了使电阻箱 R_2 上的电阻读数与电势差相对应，校准时应将 S_2 合向标准电池 E_s，调节 R_2 使电阻读数为标准电池电压的十进整数倍。例如，标准电池电压为 1.0186 V，则可将 R_2 调至 10186.0 Ω（或 1018.6 Ω），调节 R_1 使检流计指零，这时 10186.0 Ω 上的电压即为 1.0186 V。工作电流 I_0 可通过欧姆定律求出，即

$$I_0 = \frac{E_s}{R_2} = \frac{1.0186}{10186} = 10^{-4} \text{A} \tag{3.6.2}$$

实验时，记录（$R_1 + R_2$）的总电阻。R_3 为检流计保护电阻，接通检流计前应将其调到电阻值较大的位置。当两电势差基本相补偿时，再逐渐调小电阻值，直至为零，可避免检流计电流过大而损坏。

（2）测量未知电动势 E_x。

将 S_2 合向 E_x，为了保持工作电流 I_0 始终不变，调节 R_2 并必须同时调节 R_1，保持（$R_1 + R_2$）的总电阻不变。当检流计指零时，读出 R_2 的电阻值 R_x，则待测电动势 E_x 可由下

式求出：

$$E_x = I_0 R_x \qquad\qquad (3.6.3)$$

【实验仪器】

本实验用到的实验仪器有：直流电源、检流计、电阻箱、标准电池（使用说明详见附录8）、待测电池、双刀双掷电键、导线等。

【实验内容】

1. 测量干电池的电动势

（1）按图 3.6.3 接好线路。电路中，E 是稳压电源，电压约为 6 V；电阻箱 R_2 调节至标准电池电压的十进整数倍，计算出标准工作电流 I_0，再根据 E 和 R_2 估计 R_1 的阻值，将其预置于估计值上。

（2）校准电势差计的工作电流。即调节辅助回路中电流，使其"标准"化，方法如下：将图 3.6.3 中的 S_2 与 E_s 相接，R_3 置于较大数值上（如 20 kΩ）；接通 S_1，然后间断接通 S_3，（即检流计的电计按钮），调节电阻箱 R_1，使检流计大致无偏转。再逐渐减小 R_3 并反复调节 R_1，直到 R_3 为零时检流计仍无偏转（此时应不断通断 S_3，以正确判断 G 中是否有电流通过）。这样工作电流就达到了标准化。注意记录（$R_1 + R_2$）的总电阻。在后续的测量中，应经常检查是否保持工作电流的标准化。在本实验中，要求每测量电势差一次，就校准一次。

（3）测量干电池的电动势。将 S_2 与 E_x 相接，R_3 先调到较大值，电阻箱 R_2 预置到 E_x 的估计数值（可用一般电压表预测 E_x 作为估计值）并注意保持（$R_1 + R_2$）的总电阻不变。然后间断接通 S_3，观察检流计偏转情况，调节 R_1、R_2，使检流计大致无偏转。再逐渐减小 R_3，并反复调节 R_1、R_2 直到 R_3 为零时，检流计仍无偏转，这时电势差计达到补偿。待测电池的电动势 E_x 可由式(3.6.3)式求出。

（4）重复上述实验内容(2)、(3)7～10 次，取 E_x 的平均值作为干电池的电动势值，并计算其标准偏差。

2. 测量干电池的内阻

如果待测电池 E_x 两端接入一个电阻 R_0，则 E_x 与 R_0 构成一个闭合回路，这时 E_x 对 R_0 放电，如果仍用电势差计测量电池两端的电势差，显然测出的并非 E_x 的电动势，而是 E_x 与 R_0 构成的回路的路端电压 U。若 E_x 的电动势和 R_0 的电阻值已知，则由 U、E_x、R_0，采用全电路欧姆定律即可求出待测电池内阻 r。

本实验用前面已经测出电动势的电池，取 $R_0 = 100\ \Omega$，测量该电池的内阻 1～2 次。

注意：

（1）电路中电源正负极和标准电池、待测电池的正负极不能相互接错。

（2）测量时，必须先接通辅助回路，再接通补偿回路；测量完毕必须先断开补偿回路，再断开辅助回路。

（3）标准电池只能短时间通过不大于几微安的电流，故不能用一般伏特计测量其电动势。另外标准电池不能翻倒，也不能强烈摇晃，使用时应小心轻拿轻放。

【思考题】

（1）电池的电动势和端电压有何区别？用一般伏特计接在电池两端，测出的是否为电池的电动势？为什么？

（2）在校准工作电流时为什么要预先估算 R_1 值？如何估算？工作电流标准化后，本方案测量电势差时为什么必须保持 $(R_1 + R_2)$ 的总电阻不变？

（3）实验中发现检流计始终往一边偏转，无法实现补偿，这可能是由哪些原因造成的？

（4）电势差计工作电源不稳定，对电动势的测量是否有影响？工作电池采用稳压电源好还是恒流电源好？为什么？

（5）如何用电势差计测量电流？

（6）如果任意选一个标准电阻（阻值已知），能否用电势差计测量一个未知电阻？试写出测量方法。

（7）工作电源能否低于被测电动势？为什么？

实验 3.7　RLC 电路的谐振特性

同时具有电容及电感的电路，会对一定频率的交流信号产生谐振，利用 RLC 电路的这一特性可以测量元件参数（R、L、C 的值）以及电路的 Q 值，或者反过来确定电源的频率，还可以用来改善电路的功率因数，选择特定的频率，产生正弦交流电信号等。因此，不论是在电子技术或无线电技术中，还是在电磁测量方面谐振现象都得到了广泛的应用。电路的谐振特性除了具有广泛的应用价值外，也有其危害性的一面。例如，交流供电电路要注意防止谐振，以避免产生过高的电流或电压损坏供电设备。

【实验目的】

（1）了解交流电路谐振的特点。

（2）掌握测量谐振曲线的方法。

（3）了解电路 Q 值的物理意义，学会电路 Q 值的测量方法。

【实验原理】

对于由电阻 R、电感 L、电容 C 组合成的交流电路，通常电路总阻抗的幅值 $Z=Z(f)$、相位角 $\varphi=\varphi(f)$ 都是电源频率 f 的函数。对于某一确定的频率 f_0（与电路的参数有关），当对应的相位角 $\varphi=0$ 时，幅值 Z 则达到极大值或极小值，由此电路的其他量（如电流 I 或电压 U）也将达到某一极值。电路达到的这种状态称为谐振。交流电路的谐振状态通常有串联谐振和并联谐振两种。

1. RLC 串联电路的谐振

RLC 串联电路如图 3.7.1 所示，其中 R、L、C 分别表示纯电阻、纯电感、纯电容。所加交流电源输出电压为 $\hat{U}$，角频率为 ω，回路电流为 $\hat{I}$，则由欧姆定律有

$$\hat{I}=\frac{\hat{U}}{\hat{Z}}=\frac{\hat{U}}{R+\mathrm{j}\left(\omega L-\frac{1}{\omega C}\right)} \qquad (3.7.1)$$

式中，$\hat{Z}=R+\mathrm{j}\left(\omega L-\frac{1}{\omega C}\right)$ 为电路总复阻抗。因此回路电流的幅值为

$$I=\frac{U}{Z}=\frac{U}{\sqrt{R^2+\left(\omega L-\frac{1}{\omega C}\right)^2}} \qquad (3.7.2)$$

式中，U 为电压的幅值；$Z=\sqrt{R^2+\left(\omega L-\frac{1}{\omega C}\right)^2}$ 为总阻抗幅值。回路电压与电流间的相位差 φ 为

$$\varphi = \arctan \frac{\omega L - \dfrac{1}{\omega c}}{R} \tag{3.7.3}$$

由式(3.7.2)和式(3.7.3)可知，Z、φ 均是角频率 ω 的函数。当电源的 ω 发生变化时，Z、φ 亦发生变化，回路电流 I 也随之改变。当 $\omega L = \dfrac{1}{C\omega}$ 时，$\varphi = 0$，即回路电压与电流间的相位差为零，且 $Z = R$ 达到极小值。此时的角频率称为谐振角频率 ω_0，有

$$\omega_0 = \frac{1}{\sqrt{LC}} \tag{3.7.4}$$

本实验从式(3.7.2)出发，研究当电压 U 保持不变时，电流 I 随 ω 的变化情况。由上述可知，当 $\omega = \omega_0$ 时，I 有一个极大值，即可得到有一个尖锐峰的谐振曲线 $I \sim f$ 曲线（f 与 ω 的关系为 $\omega = 2\pi f$），如图 3.7.2 所示。

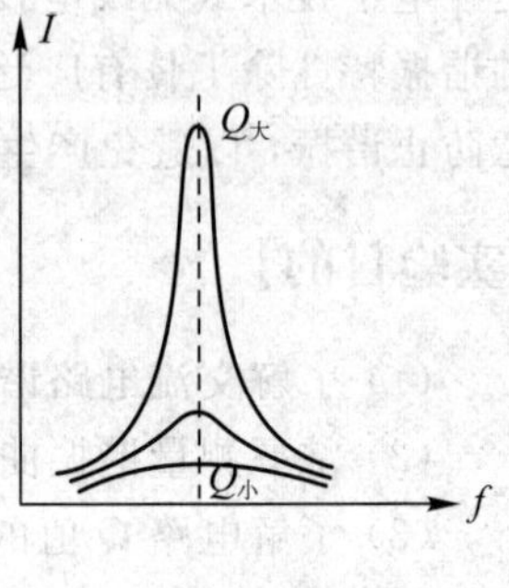

谐振电路的性能，常用电路的 Q 值表示，Q 称为电路的品质因素，定义为谐振时电感的感抗或电容的容抗与此时电路的总电阻之比，即

$$Q = \frac{\omega_0 L}{Z_0} = \frac{1}{\omega_0 C Z_0} = \frac{\omega_0 L}{R} = \frac{1}{\omega_0 C R_0} = \frac{1}{R}\sqrt{\frac{L}{C}} \tag{3.7.5}$$

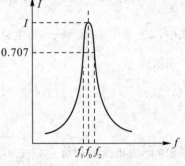

图 3.7.2

当电路达到谐振时，R、L、C 上的电压分别为

$$U_R = R I_0 = R\frac{U}{Z_0} = R\frac{U}{R} = U \tag{3.7.6}$$

$$U_L = \omega_0 L I_0 = \frac{\omega_0 L U}{R} = QU \tag{3.7.7}$$

$$U_C = \frac{1}{\omega_0 C} I_0 = \frac{1}{\omega_0 C R} U = QU \tag{3.7.8}$$

因此有

$$Q = \frac{U_L}{U} = \frac{U_C}{U} \tag{3.7.9}$$

由上式可以看出，当电路达到谐振时，理想电容器两端的电压 U_C 及纯电感两端的电压 U_L 都是电源输出电压 U 的 Q 倍。这是 Q 值的第一个意义。因为电路的 Q 值往往是 $Q \gg 1$ 的，所以谐振时 U_C 和 U_L 可以比 U 大得多，故串联谐振常称为电压谐振。注意：谐振时 L 和 C 两端电压的相位是相反的。

有时，可通过描绘 $I \sim \omega$ 曲线的谐振峰的尖锐程度来确定电路的选择性。通常规定 I 值为最大值 $I_{\max}$ 的 $1/\sqrt{2}(\approx 70\%)$，所对应的两点 f_1 和 f_2 频率之差为"通频带宽度"（见图 3.7.3）。根据这个定义，由式(3.7.2)出发可推得

$$\Delta f = |f_2 - f_1| = \frac{f_0}{Q}$$

即

图 3.7.3

$$Q=\frac{f_0}{\Delta f}=\frac{f_0}{|f_2-f_1|} \tag{3.7.10}$$

式中：$\Delta f=|f_2-f_1|$ 为通频带宽度（简称"带宽"）。显然 Q 值的大小反映了曲线的尖锐程度，即电路的频率选择性的好坏。Q 值越大，曲线越尖锐，电路的选择性越好。这是 Q 值的第二个意义。

2. RLC 并联电路的谐振

RL 与 C 的并联电路如图 3.7.4 所示，电路的总复阻抗 $\hat{Z}$ 的倒数为

$$\frac{1}{\hat{Z}}=\frac{1}{R+j\omega L}+j\omega C \tag{3.7.11}$$

总的复阻抗即为

$$\hat{Z}=\frac{R+j\omega L}{1-\omega^2 LC+j\omega CR} \tag{3.7.12}$$

其总阻抗的幅值 Z 和相位 φ 分别为

$$Z=\frac{R^2+(\omega L)^2}{\sqrt{R^2+(\omega CR^2+\omega^3 L^2 C-\omega L)^2}} \tag{3.7.13}$$

$$\varphi=\arctan\left(\frac{\omega L-\omega CR^2-\omega^3 L^2 C}{R}\right) \tag{3.7.14}$$

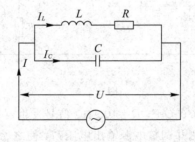

图 3.7.4

电路达到谐振时，有 $\varphi=0$，根据式(3.7.14)得

$$\omega_P L-\omega_P CR^2-\omega_P^3 L^2 C=0$$

由此可得，RL 和 C 并联电路的谐振圆频率 ω_P 为

$$\omega_P=\sqrt{\frac{1}{LC}-\left(\frac{R}{L}\right)^2}=\omega_0\sqrt{1-\frac{1}{Q^2}} \tag{3.7.15}$$

式中：$\omega_0=1/LC$，$Q=1/R\sqrt{L/C}$，与串联电路中的定义相同。由式(3.7.15)可以得出，在并联电路中若 $Q\gg1$，则 $\omega_P\approx\omega_0$。

由式(3.7.13)可知，并联谐振时 Z 近似为极大值。若电压 U 保持不变，则电流 I 为极小，这和串联电路的谐振情况正好相反。反之，若保持回路总电流 I 不变，则谐振时并联电路两端的电压 U 达到极大值，作 $U\sim I$ 曲线，同样可得到与串联电路相似的谐振曲线。RL 和 C 并联电路同串联电路一样，Q 值越大，谐振曲线越尖锐，电路的选择性越好。当 $Q\gg1$ 时，近似有

$$Q\approx\frac{f_P}{\Delta f} \tag{3.7.16}$$

式中，f_P 为谐振频率；Δf 的意义与前述相同。另外在谐振时，两分支电路中的电流 I_L、I_C 几乎相等（但相位相反），且近似为总电流 I 的 Q 倍，即有

$$Q \approx \frac{I_C}{I} \approx \frac{I_L}{I}$$

因而并联谐振也称为电流谐振。

【实验仪器】

本实验用到的实验仪器有：信号发生器、交流毫伏表（SX 型交流毫伏表使用说明详见【附录9】）、电阻箱、标准电感器、标准电容箱、电键及导线等。

【实验内容】

1. 串联电路谐振特性的测量

按图 3.7.5 接线，交流电源由低频信号发生器供给，电压表选用交流毫伏表。实验中通过测量电阻 R 上的电压 U_R 即可算出回路电流 $I = U_R/R$。

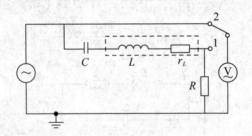

图 3.7.5

（1）取 $L=0.1$ H，$C=0.05$ μF，$R=100$ Ω，信号发生器输出电压 $U=1$ V。测量中每改变一次频率，都要重新检测并调整电源输出电压 U，使之始终保持 1 V 不变。

① 频率从 1500 Hz 开始，每隔 100 Hz 测一次电压 U_R，直至频率为 3000 Hz。在谐振频率 f_0 附近测量间隔应减小一些（可事先估算 f_0），并注意始终保持 $U=1$ V 不变。

② 找出谐振频率 f_0，仍保持 $U=1$ V，测量谐振时 L 和 C 两端的谐振电压 U_L 和 U_C。注意电压表量程要选得足够大。

（2）取 $R=500$ Ω，其他参数实验内容同（1）。重复上述内容。

（3）取 $C=0.04$ μF，其他参数实验内容同（1），测量谐振曲线（频率取值范围自定）。找出谐振频率，测量谐振时 L 和 C 两端的谐振电压 U_L 和 U_C。

2. 并联电路谐振特性的测量

按图 3.7.6 连接线路，实验中保持并联电路总电流 I 不变，考察 $U \sim f$ 关系。电路中加入电阻 R_S，只要保持 R_S 上的电压 U_S 不变，则并联电路总电流 I 就保持不变，即

$$I = \frac{U_S}{R_S} = I_S$$

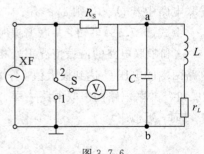

图 3.7.6

取 $L=0.1$ H，$C=0.05$ μF，$R_S=5000$ Ω，$U_S=0.4$ V。

（1）频率从 1500 Hz 开始，每隔 100 Hz 测一次并联电路电压 U，直至频率为 3000 Hz。在谐振频率 f_P 附近间隔减小一些（可事先估算 f_P）。注意每次改变频率后都要重新调整电源输出电压，使电阻 R_S 上的电压 $U_S=0.4$ V 保持不变。

（2）找准谐振频率 f_P，并测出谐振时的 U_C（即 U）。

3. 数据处理

（1）作串联谐振的 $I\sim f$ 曲线（或 $U_R\sim f$ 曲线）及并联谐振的 $U\sim f$ 曲线。将几条曲线都绘制于同一坐标图上进行比较，各坐标比例可不相同。

（2）将理论计算的谐振频率和由实验测定的谐振频率进行比较。

（3）比较串联电路的三个 Q 值。

① 理论计算值。按式（3.7.5）计算，式中 R 应包括电阻箱阻值和电感的直流电阻，电感直流电阻可参考仪器铭牌上给出的数值。

② 测量值。由式（3.7.9）确定。

③ 曲线确定值。由式（3.7.10 确定。

*（4）比较并联电路 3 个 Q 值。

【思考题】

（1）为什么串联谐振称为电压谐振？为什么并联谐振称为电流谐振？

（2）测量串、并联电路的 Q 值有几种方法？各有什么特点？

（3）测量串联电路谐振特性时，为什么要保持电源输出电压大小恒定不变？测量电路的 Q 值时，是否必须保持电源输出电压不变？若非必须，该如何测量？对于并联电路情况如何？

（4）测量谐振曲线时，怎样才能找准谐振频率 f_0？

（5）既然串联谐振时，电容或电感上的电压为电源电压的 Q 倍，是否可以把它当作升压变压器来使用？为什么？

（6）测量串联谐振特性时，当频率越接近谐振频率时，电源输出电压将如何变化？为了满足实验条件，电源电压输出旋钮应向哪个方向旋转？为什么？并联谐振情况如何？

（7）给定电路参数测量谐振特性时，应如何选取测量的频率范围？为什么？

（8）试推导式（3.7.10），并写出推导过程。

（9）如何利用谐振特性来测量未知电容或电感？

实验 3.8 RLC 串联电路的暂态过程

RLC 串联电路的暂态过程就是当电源接通或断开的瞬间，电路中电流或电压变化的过程。电路在瞬变时，某些部分的电流或电压可能会是稳定状态的好几倍，出现过电流或过电压的现象。这种过电流或过电压的现象有时是人们所希望的，有时则不希望发生。怎样兴利避害？这就是我们研究的出发点。

【实验目的】

（1）了解 RLC 串联电路的暂态特性。

（2）加深理解 R、L、C 各元件在电路中的作用。

（3）进一步熟悉示波器的使用和测量。

【实验原理】

R、L、C 元件可以构成多种组合，本实验只讨论 RC、RL、RLC 串联电路的暂态过程。

1. RC 电路

在由电阻 R 和电容 C 组成的直流串联电路中，暂态过程即是电容器的充放电过程，电路如图 3.8.1 所示。当电键 S 与 1 闭合时，电源 E 通过电阻 R 对电容器 C 充电，直到电容器 C 两极板电压等于电源电压。在充电过程中电路方程为

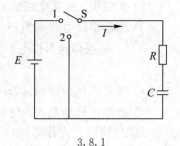

3.8.1

$$U_c + iR = E \qquad (3.8.1)$$

因为 $i = C\dfrac{\mathrm{d}U_c}{\mathrm{d}t}$，所以充电过程的电路方程为

$$\frac{\mathrm{d}U_c}{\mathrm{d}t} + \frac{1}{RC}U_c = \frac{1}{RC}E \qquad (3.8.2)$$

设 $t=0$，$U_c=0$，则方程的解为

$$U_C = E(1 - \mathrm{e}^{-t/RC})$$
$$U_R = E\mathrm{e}^{-t/RC} \qquad (3.8.3)$$
$$i = \frac{E}{R}\mathrm{e}^{-t/RC}$$

式中，$RC=\tau$，具有时间的量纲，故称为电路的时间常量，它是表征暂态过程进行快慢的一个重要物理量。时间常量 τ 可以通过测定 RC 电路的半衰期 $T_{1/2}$ 求得，因为 $T_{1/2}=\tau\ln 2$，所以测出半衰期 $T_{1/2}$ 即可求得时间常量为

$$\tau = \frac{T_{1/2}}{0.693} \qquad (3.8.4)$$

当电键 S 与 2 闭合时，电容器 C 通过电阻 R 放电，直到电容器 C 两极板电压等于零，

则电路方程为

$$\frac{dU_C}{dt}+\frac{1}{RC}U_C=0 \tag{3.8.5}$$

当 $t=0$ 时，$U_C=E$，则方程的解为

$$\begin{cases} U_C=Ee^{-t/\tau} \\ U_R=-Ee^{-t/\tau} \\ i=-\dfrac{E}{R}e^{-t/\tau} \end{cases} \tag{3.8.6}$$

从上述分析可知，在暂态过程中，各物理量均按指数规律变化，变化的快慢由时间常量 τ 决定。放电过程中 U_C、i 前面的负号表示放电电流与充电电流方向相反。充放电曲线如图 3.8.2 所示。

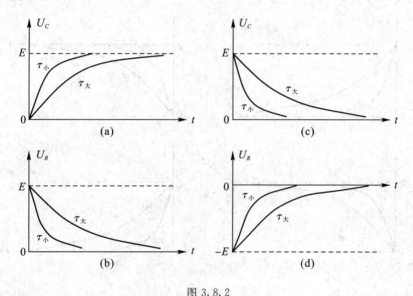

图 3.8.2

2. RL 电路

由电阻 R 和电感 L 组成的直流串联电路如图 3.8.3 所示。当电键 S 与 1 闭合时，串联的 RL 电路两端电压从 0 突变为 E，但由于电感 L 的自感作用，回路中的电流不会突变，而是由小到大，逐渐增加，最后到达最大值 E/R，因此电路方程为

$$L\frac{di}{dt}+iR=E \tag{3.8.7}$$

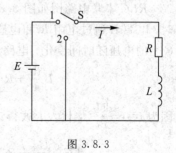

图 3.8.3

设 $t=0$ 时，$i=0$，则可得方程的解为

$$\begin{cases} i=\dfrac{E}{R}(1-e^{-tR/L}) \\ U_L=Ee^{-tR/L} \qquad (t\geqslant 0) \\ U_R=E(1-e^{-tR/L}) \end{cases} \tag{3.8.8}$$

由此可见，RL 电路回路电流 i 是按指数规律增长的，最后到达稳定值 E/R。i 增长的快慢

由时间常量 $\tau = L/R$ 决定，τ 与半衰期的关系与式（3.8.4）相同。

当电键 S 与 2 闭合时，电路电流从 $i = E/R$ 逐渐减小为 0，电路方程为

$$L\frac{\mathrm{d}i}{\mathrm{d}t} + iR = 0 \tag{3.8.9}$$

设 $t = 0$ 时，$i = E/R$，则可得方程的解为

$$\begin{cases} i = \dfrac{E}{R}\mathrm{e}^{-tR/L} \\[2mm] U_L = -E\mathrm{e}^{-tR/L} \\[2mm] U_R = E\mathrm{e}^{-tR/L} \ (t \geqslant 0) \end{cases} \tag{3.8.10}$$

由此可见，将电源断开后，电路中的电流 i 和元件两端的电压 U_L、U_R 也按指数规律变化，变化的快慢同样由时间常量 $\tau = L/R$ 决定。U_L、U_R 变化规律如图 3.8.4 所示。

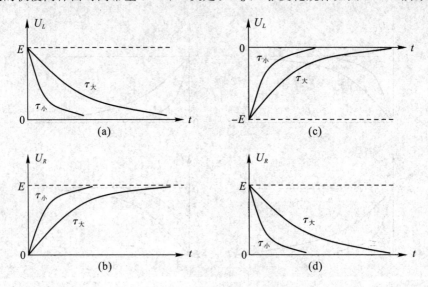

图 3.8.4

3. RLC 电路

RLC 串联电路图如图 3.8.5 所示。当电键 S 与 1 闭合时，电源 E 通过电阻 R 和电感 L 对电容器 C 充电，电容器 C 上的电压随时间变化，电路方程为

$$L\frac{\mathrm{d}i}{\mathrm{d}t} + Ri + U_C = E \tag{3.8.11}$$

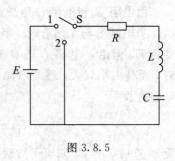

图 3.8.5

因为 $i = C\dfrac{\mathrm{d}U_C}{\mathrm{d}t}$，代入上式得

$$LC\frac{\mathrm{d}^2 U_C}{\mathrm{d}t^2} + RC\frac{\mathrm{d}U_C}{\mathrm{d}t} + U_C = E \tag{3.8.12}$$

当电键 S 与 2 闭合时，电容器 C 通过电阻 R 和电感 L 进行放电，电路中的电流 i 也随时间 t 变化，此时的电路方程为

$$L\frac{\mathrm{d}i}{\mathrm{d}t} + Ri + U_C = 0 \tag{3.8.13}$$

考虑到 $i=C\dfrac{\mathrm{d}U_c}{\mathrm{d}t}$，代入上式，可得

$$LC\frac{\mathrm{d}^2U_c}{\mathrm{d}t^2}+RC\frac{\mathrm{d}U_c}{\mathrm{d}t}+U_c=0 \tag{3.8.14}$$

令 $\lambda=\dfrac{R}{2}\sqrt{\dfrac{C}{L}}$，$\lambda$ 称为阻尼系数。充电时的初始条件为：$t=0$ 时，$i=0$，$U_c=0$；放电时的初始条件为：$t=0$ 时，$i=0$，$U_c=E$，则式（3.8.12）、式（3.8.14）的解有以下 3 种形式：

（1）阻尼较小时，$\lambda<1$，即 $R^2<4L/C$，有

充电过程

$$\begin{cases}U_c=E[1-b\mathrm{e}^{-t/\tau}\cos(\omega t+\varphi)]\\ U_L=bE\mathrm{e}^{-t/\tau}\cos(\omega t+\varphi)\\ i=bE\mathrm{e}^{-t/\tau}\sin\omega t\end{cases} \tag{3.8.15}$$

放电过程

$$\begin{cases}U_c=bE\mathrm{e}^{-t/\tau}\cos(\omega t+\varphi)\\ U_L=-bE\mathrm{e}^{-t/\tau}\cos(\omega t+\varphi)\\ i=-bE\mathrm{e}^{-t/\tau}\sin\omega t\end{cases} \tag{3.8.16}$$

式中，$b=\sqrt{\dfrac{4C}{4L-R^2C}}$；$\varphi=\arctan\sqrt{\dfrac{R^2C}{4L-R^2C}}$；时间常量为

$$\tau=\frac{2L}{R} \tag{3.8.17}$$

振荡角频率为

$$\omega=\frac{1}{\sqrt{LC}}\sqrt{1-\frac{R^2C}{4L}} \tag{3.8.18}$$

由此可见，该电路的各物理量均呈现振荡特性，电阻 R 的作用是消耗电路的能量，起阻尼作用，使振荡呈指数衰减，衰减的快慢由时间常量 τ 决定。

（2）阻尼较大时，$\lambda>1$，即 $R^2>4L/C$，方程的解有

充电过程

$$\begin{cases}U_c=E[1-c\mathrm{e}^{-t/\tau}\mathrm{ch}(\beta t+\varphi)]\\ U_L=cE\mathrm{e}^{-t/\tau}\mathrm{ch}(-\beta t+\varphi)\\ i=cE\mathrm{e}^{-t}\mathrm{ch}\beta t\end{cases} \tag{3.8.19}$$

放电过程

$$\begin{cases}U_c=cE\mathrm{e}^{-t/\tau}\mathrm{sh}(\beta t+\varphi)\\ U_L=-cE\mathrm{e}^{-t/\tau}\mathrm{sh}(-\beta t+\varphi)\\ i=-cE\mathrm{e}^{-t}\mathrm{sh}\beta t\end{cases} \tag{3.8.20}$$

式中：$\beta=\dfrac{1}{\sqrt{LC}}\sqrt{\dfrac{R^2C}{4L}-1}$；$\tan\varphi=\beta t$；$c=\sqrt{\dfrac{4L}{R^2C-4L}}$。此时阻尼较大，电路的各物理量不再具有周期性的变化规律，而是缓慢地趋向平衡值。

（3）阻尼处于临界状态，$\lambda=1$，即 $R^2=4L/C$，此时方程的解为

充电过程

$$
\begin{cases}
U_C = E\left[1 - \left(1 + \dfrac{t}{\tau}e^{-t/\tau}\right)\right] \\[2mm]
U_L = E\left(1 - \dfrac{t}{\tau}\right)e^{-t/\tau} \\[2mm]
i = \dfrac{E}{L}t\,e^{-t/\tau}
\end{cases}
\tag{3.8.21}
$$

放电过程

$$
\begin{cases}
U_C = E\left(1 + \dfrac{t}{\tau}e^{-t/\tau}\right) \\[2mm]
U_L = -E\left(1 - \dfrac{t}{\tau}\right)e^{-t/\tau} \\[2mm]
i = -\dfrac{E}{L}t\,e^{-t/\tau}
\end{cases}
\tag{3.8.22}
$$

当电阻达到临界值时，$\lambda = 1$，$\omega = \dfrac{1}{\sqrt{LC}}\sqrt{1 - \dfrac{R^2 C}{4L}} = 0$。此时电路中各物理量的变化过程不具有周期性，但到达平衡状态的时间比过阻尼时要快，这便是临界阻尼。这时的电阻称为临界阻尼电阻。

如图 3.8.6 所示，图中线条 a、b、c 分别表示阻尼较小时、阻尼较大时以及临界阻尼时电容上的电压随时间的变化情况。

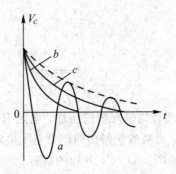

图 3.8.6

综上所述，RLC 串联电路在充电过程中，各物理量的变化规律类似，只是最后趋于平衡态不相同而已。

4. 实验研究方法

本实验用示波器来观察研究上述暂态过程。从示波器原理可知，要使屏幕上出现稳定的图形，必须要满足两个条件，即：① 整个暂态过程所用的时间比较短，例如 10^{-3}s。这是因为屏幕上的光点保留的时间是短暂的，中余辉示波管光点保留的时间约 10 ms 数量级，如果暂态过程很长，那么显示后面的过程时前面的图形已消失，不能观察到图形的全貌；② 同样的图形必须重复出现，否则即使图形完整，但显示一瞬即逝，也来不及观察。为了满足条件①，L、C 的值选择要合适；为了满足条件②，充放电必须周期性地进行。显然人工操作电键是不能达到要求的，所以采用方波发生器代替电源 E 和电键 S。方波发生器的波形如图 3.8.7 所示，前半个周期输出电压为 E，相当于电键置于 1，电路处于充电情况；后半个周期输出电压为零，相当于电键置于 2，电路处于放电情况。而后不断重复。

【实验仪器】

本实验用到的实验仪器有：示波器、方波发生器（或函数发生器，使用说明详见附录 10）、标准电容箱、标准电感器、电阻箱、电键与导线等。

【实验内容】

1. 观察方波发生器的输出波形

将方波发生器的输出端直接接到示波器的 y_1 输入端。注意两者的"地"相连。示波器的输入方式置于"DC"，方波发生器的输出频率调为 1 kHz 左右。再调节示波器，应能调出如图 3.8.7(a) 所示的波形。观察方波波形，留意观察其前沿（电压从零跃到 E）和后沿（电压从 E 跃到零）是否足够陡，还要留意一个周期内电压为 E 和电压为零是否准确地各占一半，记录观察的结果。

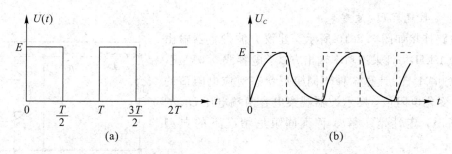

图 3.8.7

2. 观察 RC 串联电路的暂态过程

电路连接如图 3.8.8 所示。示波器采用双踪显示方式，建议方波发生器输出频率为 1 kHz，且采用功率输出方式，电容取 0.1 μF，电阻取 1 kΩ，调节示波器应能同时显示如图 3.8.7(a)、(b) 的波形。分析电容两端电压 U_C 与方波电压变化的关系。

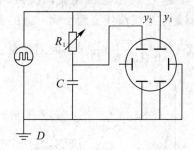

图 3.8.8

（1）用示波器观察在不同电阻情况下的电容两端电压 U_C 的变化情况，电阻分别取 10 kΩ、5 kΩ、1 kΩ、0.5 kΩ、0.1 kΩ。记录观察到的波形，分析并解释其现象。

（2）用示波器观察在不同电阻情况下的电阻两端电压 U_R（即回路电流 I）的变化情况，记录观察到的波形，分析并解释其现象。注意：为了公共接地，R 与 C 的位置应在图 3.8.8 的基础上对调，用 y_2 通道观察。

（3）选择某一个 RC 值，在放电情况下，用示波器测量电压衰减到一半的时间（即半衰期 $T_{1/2}$），用式（3.8.4）计算时间常量 τ，并与 $\tau=RC$ 值进行比较。

* 3. 观察 RL 串联电路的暂态过程

电路连接图如图 3.8.9 所示。建议方波发生器输出频率为 1 kHz，且采用功率输出方式，电感取 0.01 H，电阻分别取 10 Ω、50 Ω、100 Ω、500 Ω、1 kΩ。

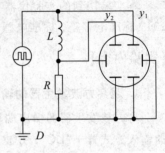

（1）用示波器观察在不同电阻情况下的电感两端电压 U_L 的变化情况，记录观察到的波形，分析并解释其现象。

（2）用示波器观察在不同电阻情况下的电阻两端电压 U_R（即回路电流 I）的变化情况，记录观察到的波形，分析并解释其现象。

图 3.8.9

4. 观察 RLC 串联电路的暂态过程

1）定性观察 U_C 波形

电路连接如图 3.8.10 所示。建议方波发生器输出频率为 1 kHz，且采用功率输出方式，电容取 0.01 μF，电感取 0.01 H，计算 3 种不同阻尼状态对应电阻值的范围，变化电阻值，用示波器观察电容两端电压 U_C 的变化情况，定性地了解 3 种不同阻尼情况下的典型波形。

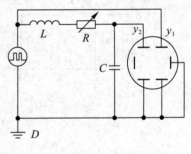

2）观察阻尼振荡（欠阻尼状态）并测定参量

（1）电阻值在欠阻尼状态的范围内变化，观察电容两端电压 U_C 的变化情况，定性地考察电阻值的大小与阻尼振荡振幅衰减的关系。

图 3.8.10

（2）选择一个合适的电阻值，使得在方波的半个周期内阻尼振荡振幅衰减至原来的 1/5 左右，记录在方波的一个周期 T_0 内阻尼振荡振动次数 N，计算出阻尼振荡振动周期 $T(T=T_0/N)$。在示波器上测量阻尼振荡任意两个同一侧的振幅值 U_{C1}、U_{C2} 及其对应的时间，如图 3.8.11，则可由公式 $\tau=\dfrac{t_2-t_1}{\ln(U_{C1}/U_{C2})}$ 求出时间常量 τ。

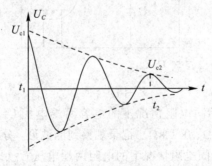

图 3.8.11

（3）观察临界阻尼状态。

在阻尼振荡的情况下逐步增大电阻值，当 U_C 的波形刚刚不出现振荡时，电路处于临界状态，此时电路的总电阻就是临界电阻，与公式 $R^2 = 4L/C$ 计算的值进行比较。

（4）观察过阻尼状态。

在临界阻尼状态情况下继续增大电阻值，电路则处于过阻尼状态，观察不同电阻值对 U_C 的影响。

【思考题】

（1）若 RC 电路的时间常量 τ 远大于或远小于方波的周期 T_0，这时 U_C 和 i 的波形将是怎样的？

（2）在 RLC 电路中，若方波发生器的频率很高或很低，能观察到阻尼振荡吗？阻尼振荡的周期 T 与角频率 ω 的关系会因为方波频率的变化而改变吗？

（3）在 RLC 电路中，如何区别临界状态和过阻尼状态？

（4）在 RLC 电路中，电阻 R 应是整个电路的电阻，即也包括方波发生器的电阻，若方波发生器的电阻未知，应如何测量？

实验 3.9　RLC 串联电路的稳态特性

RC、RL、RLC 电路与其他电子元件的组合，可构成电子学中的滤波电路、放大电路、选频电路、振荡电路等，这些电路是各种电子仪器及设备的基本模块。研究 RC、RL、RLC 电路的特性，在物理学以及电子与通信工程技术中有着重要的实际意义。

【实验目的】

（1）研究 RC、RL、RLC 电路对正弦交流信号的稳态响应。

（2）学习使用双踪示波器，掌握测量相位差的方法。

【实验原理】

正弦交流电压信号可表示为

$$u(t) = U\cos(\omega t + \varphi_u)$$

电流可表示为

$$i(t) = I\cos(\omega t + \varphi_i)$$

式中：U、I 为交流电压和电流的峰值；$\omega(\omega = 2\pi f = 2\pi/T)$ 为角频率；$(\omega t + \varphi)$ 称为相位；φ 称为初相位。由此可见，正弦交流电压和电流之间不仅存在量值大小的区别，还存在相位的不同。

反映某一元件上电压 $u(t)$ 与其电流 $i(t)$ 的关系有两个量：一个是电压与电流的比值，称为阻抗（$Z = U/I$）；另一个是它们之间的相位差（$\varphi = \varphi_u - \varphi_i$）。这两个物理量代表着元件的固有特性。

对于电阻元件，阻抗 $Z_R = R$，$\varphi = 0$，说明电阻上的电压与电流同相位，阻抗与频率无关，为一个常量。

对于电容元件，容抗 $Z_C = 1/\omega C$，$\varphi = -\pi/2$，说明容抗与交流电的频率和电容器的容量成反比，它既与电容值有关，还与频率有关。电容器上的电压相位落后电流相位 $\pi/2$。

对于电感元件，感抗 $Z_L = \omega L$，$\varphi = \pi/2$，说明感抗与电感成正比，并随频率线性增长。在电感上，电压的相位超前电流相位 $\pi/2$。

当正弦交流信号加在 RC、RL、RLC 串联电路上，并达到稳定状态后，电路中各元件上的电压（或电流）幅值和相位都会随着正弦交流信号频率的不同而改变，前者称为电路的幅频特性，后者称为电路的相频特性。本实验研究 RC、RL 串联电路的幅频特性和相频特性，以及 RLC 串联电路的相频特性。

1. RC 串联电路

RC 串联电路如图 3.9.1(a)所示。由于交流电路中各参量既有大小的变化，还有相位差别，因此用复数和矢量图法来研究较为方便。RC 串联电路的复阻抗为

$$\hat{Z} = \hat{Z}_R + \hat{Z}_C = R - \mathrm{j}\frac{1}{\omega C} \tag{3.9.1}$$

其阻抗的幅值为

$$Z = \sqrt{R^2 + \left(\frac{1}{\omega C}\right)^2} \tag{3.9.2}$$

根据复数形式的欧姆定律,回路电流为

$$\hat{I} = \frac{\hat{U}}{\hat{Z}} = \frac{\hat{U}}{\left(R - j\frac{1}{\omega C}\right)} \tag{3.9.3}$$

若用矢量图来研究,则串联电路应以电流为参考矢量,电路的矢量图如图 3.9.1(b) 所示。图中 U 为电源电压,U_R 为电阻上的电压,U_C 为电容上的电压,I 为回路电流,φ 为电源电压与回路电流的相位差。这些电参量之间的关系为

$$I = \frac{U}{Z} = \frac{U}{\sqrt{R^2 + \left(\frac{1}{\omega C}\right)^2}} \tag{3.9.4}$$

$$U_R = IR = \frac{U}{\sqrt{1 + \left(\frac{1}{\omega RC}\right)^2}} \tag{3.9.5}$$

$$U_C = I\left(\frac{1}{\omega C}\right) = \frac{U}{\sqrt{(\omega RC)^2 + 1}} \tag{3.9.6}$$

$$\varphi = -\arctan\left(\frac{1}{\omega RC}\right) \tag{3.9.7}$$

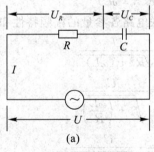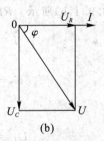

图 3.9.1

式(3.9.4)~式(3.9.6)表征电路的幅频特性,若保持总电压 U 不变,当电源的频率增加时,回路电流的幅值和电阻 R 上的电压幅值增加,而电容 C 上的电压幅值则减小,如图 3.9.2 所示。利用这种幅频特性,可以把信号源中的不同频率成分分开,构成各种滤波电路。

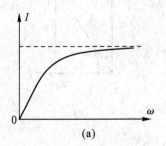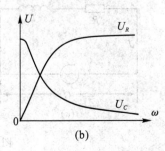

图 3.9.2

式 (3.9.7)表征电路的相频特性。由此可知，当频率很低时，φ 接近$-\pi/2$，即回路电流超前电压 $\pi/2$；当频率很高时，φ 接近 0，即回路电流与电压同相位。如图 3.9.3(a)所示。通常把 ω(或 f)与 ω_0($\omega_0 = 1/RC$)比值的对数作为横坐标，φ 作为纵坐标，则可得典型的相频特性曲线，如图 3.9.3(b)所示。

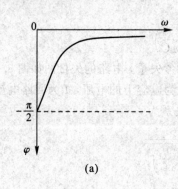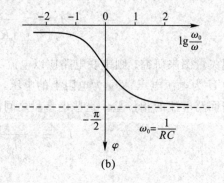

图 3.9.3

2. RL 串联电路

RL 串联电路如图 3.9.4(a)所示。电路的复阻抗为

$$\hat{Z} = R + j\omega L \tag{3.9.8}$$

其幅值为

$$Z = \sqrt{R^2 + (\omega L)^2} \tag{3.9.9}$$

电路的矢量图如图 3.9.4(b)所示。RL 串联电路各参量的幅频特性和相频特性分别为

$$I = \frac{U}{Z} = \frac{U}{\sqrt{R^2 + (\omega L)^2}} \tag{3.9.10}$$

$$U_R = IR = \frac{U}{\sqrt{1 + \left(\dfrac{\omega L}{R}\right)^2}} \tag{3.9.11}$$

$$U_L = I\omega L = \frac{U}{\sqrt{\left(\dfrac{R}{\omega L}\right)^2 + 1}} \tag{3.9.12}$$

$$\varphi = \arctan\left(\frac{\omega L}{R}\right) \tag{3.9.13}$$

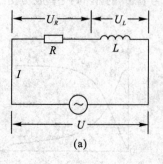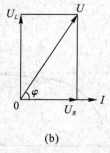

图 3.9.4

RL 串联电路的幅频特性正好跟 RC 串联电路相反，当 ω 增加时，I 和 U_R 均减小，而 U_L 则增大，如图 3.9.5 所示。利用这种幅频特性同样可以构成各种滤波电路。

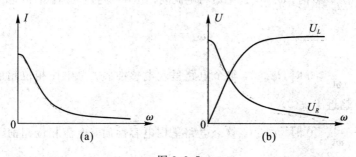

图 3.9.5

RL 串联电路的相频特性与 RC 串联电路亦不相同，当频率很低时，φ 接近 0，即回路电流与电压同相位；当频率很高时，φ 接近 $\pi/2$，即电压超前回路电流 $\pi/2$，如图 3.9.6 所示。

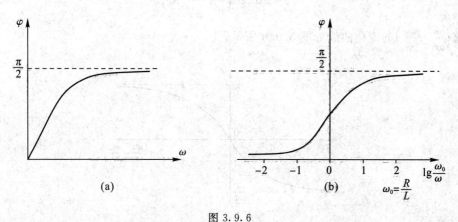

图 3.9.6

3. RLC 电路

RLC 串联电路图如图 3.9.7 所示。这一电路的幅频特性已经在"RLC 串联电路的谐振特性"实验中作了专门研究，这里只研究它的相频特性。

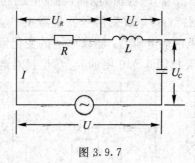

图 3.9.7

RLC 串联电路的总电压与回路电流之间的相位差为

$$\varphi = \arctan\left[\frac{\left(\omega L - \dfrac{1}{\omega C}\right)}{R}\right] \tag{3.9.14}$$

现分 3 种情况进行讨论。

(1) 当 $\omega L - \dfrac{1}{\omega C} = 0$ 时，$\varphi = 0$，总电压与电流同相位，电路达到谐振，相应的圆频率 ω_0 为

$$\omega_0 = \frac{1}{\sqrt{LC}} \tag{3.9.15}$$

(2) 当 $\omega L - \dfrac{1}{\omega C} > 0$ 时，$\varphi > 0$，整个电路呈现电感性质，总电压相位超前于电流，并随着 ω 的增大，φ 趋近于 $\pi/2$。

(3) 当 $\omega L - \dfrac{1}{\omega C} < 0$ 时，$\varphi < 0$，整个电路呈现电容性质，电流相位超前于总电压，并随着 ω 的减小，φ 趋近于 $-\pi/2$。

如令 $Q = \dfrac{1}{R}\sqrt{\dfrac{L}{C}}$，则式(3.9.14)可改写为

$$\varphi = \arctan\left(\frac{\omega}{\omega_0} - \frac{\omega_0}{\omega}\right)Q \tag{3.9.16}$$

则 φ 随 $\left(\dfrac{\omega}{\omega_0} - \dfrac{\omega_0}{\omega}\right)$ 的变化曲线如图 3.9.8 所示。

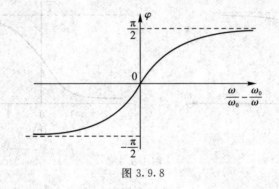

图 3.9.8

4. 实验观测方法

本实验用示波器来观测各种电路的稳态特性，下面以 RC 电路为例，说明观测方法。按图 3.9.9 所示连接电路。示波器 Y_A 通道显示的是总电压的波形，Y_B 通道显示的是电阻 R 两端的电压波形。观测幅频特性时，改变信号发生器频率 f，同时保持信号发生器的输出电压 U 不变，则可观测电阻两端电压 U_R 随频率 f 的变化情况。若要观测电容两端电压 U_C 随频率 f 的变化情况，只要把图 3.9.9 中的 R、C 位置对调即可，此时 Y_B 通道显示的是

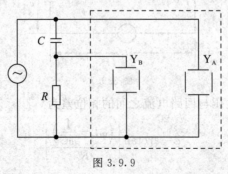

图 3.9.9

电容 C 两端的电压波形。

　　观测相频特性时，首先要注意到，这里讲的相位差指的是总电压和回路电流之间的相位差 φ，所以示波器上应该显示总电压 U 和回路电流 i 的波形（示波器能直接显示电流波形吗？哪种波形与电流波形是同相位的？），然后找出 φ 随频率 f 变化的关系。但是示波器直接显示的是两个波形的时间差 Δt（见图 3.9.10），所以两个波形的相位差为

$$\varphi = \omega \Delta t = 2\pi \frac{\Delta t}{T}(\text{rad}) = 360 \frac{n_{\Delta t}}{n_T}(\text{度})$$

式中：T 为波形周期；Δt 为两波形幅值之间的时间差；$n_{\Delta t}$ 为 Δt 在示波器水平方向上所占用的格数；n_T 为 T 在示波器水平方向上所占用的格数。

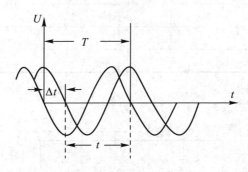

图 3.9.10

　　注意，交流信号虽然不像直流电那样，电源极性有正、负之分，但其中一端是接地端（与仪器外壳相连），示波器和信号发生器的接地端必须共接。

【实验仪器】

　　本实验用到的实验仪器有：信号发生器（或函数发生器）、双踪示波器（HH4310 双踪示波器使用说明详见附录 11）、电阻箱、标准电感、标准电容箱、电键与导线等。

【实验内容】

1. RC 串联电路稳态特性的观测

电路连接如图 3.9.9 所示。建议电容取 $0.318\ \mu\text{F}$，电阻取 $100\ \Omega$，电源电压取 3 V。

(1) 观测幅频特性，考察 $U_R\text{-}f$ 或 $I\text{-}f$ 相关关系。

建议信号发生器的频率可取下值：300 Hz、600 Hz、1.25 kHz、2.5 kHz、5 kHz、10 kHz、20 kHz、40 kHz、80 kHz。由实验数据作 $I\text{-}\lg(f_0/f)$ 曲线，其中 $f_0 = 1/(2\pi RC)$。

(2) 观测相频特性，测量数据填入表 3.9.1。

表 3.9.1

f/Hz	300	600	1.25k	2.5k	5k	10k	20k	40k	80k
n_T/cm									
$n_{\Delta t}/\text{cm}$									
φ									

由实验数据作 $\varphi - \lg(f_0/f)$ 曲线。

＊2. *RL* 串联电路稳态特性的观测

建议取电阻为 300 Ω，电感为 0.01 H，其他参数参考实验内容 1。

3. *RLC* 串联电路相频特性的观测

电路连接如图 3.9.11 所示。建议取：$R=250$ Ω，$L=0.01$ H，$C=0.633$ μF。测量数据填入表 3.9.2。

表 3.9.2

f/Hz	200	400	800	1.33k	2k	3k	5k	10k	20k
n_T/cm									
$n_{\Delta t}/\text{cm}$									
φ									

由实验数据作 $\varphi - f$ 曲线

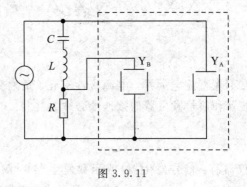

图 3.9.11

【思考题】

(1) 如何观测 *RC* 串联电路电容上的电压 U_C 的幅频特性和相频特性？电路应如何设计？

(2) 在实验中不采用建议的各参量值，能否进行观测？请尝试一下，效果如何？

(3) 如何判断 *RLC* 串联电路中 U 与 I 波形的相位超前与落后的关系？怎样确定电路呈感性还是容性？

(4) 本实验用双踪示波器来测定两个信号的相位差，如果只有单踪示波器，能否测定相位差？怎样测定？

实验 3.10　电子射线的电聚焦与磁聚焦

电子射线早期称为阴极射线，1858 年由德国人 J. 普吕克尔在利用低压放电管研究气体放电时发现。1897 年，英国物理学家 J.J. 汤姆逊在总结前人大量的实验研究后得出，阴极射线是一种带负电的粒子束，从而促使了电子的发现。

电子射线被广泛地应用于科学技术、国民经济、国防建设、医学以及日常生活的许多领域。示波器中的示波器管、电视摄像管和显像管、雷达信号的显示、电子显微镜以及用于科学研究的电子加速器等，都是利用电子射线在一定条件下聚焦、偏转的性质工作的。高能量的电子射线照射在某些金属材料上可以产生很强的 X 射线，依此原理可制成 X 射线管。电子射线还可以直接用于一些材料的加工，在集成电路的制造过程中，电子射线也是非常重要的工具。

【实验目的】

(1) 了解电子射线的电聚焦与磁聚焦的基本原理，加深对带电粒子在电磁场中运动规律的理解。

(2) 了解示波管的构造和各电极的作用，为后续课程打下基础。

(3) 学习用磁聚焦法测定电子荷质比。

【实验原理】

1. 示波管简介

示波管内部结构示意图如图 3.10.1 所示，玻璃外壳内抽成高真空。灯丝在接通电源后加热阴极 K，使阴极发射电子。栅极 G 用于控制阴极发射电子强度，所以也称为控制级。一般情况下，栅极电压相对于阴极为负值，调节栅压的大小就能控制阴极发射电子的强度。栅极 G 与第一阳极 A_1 构成一定的空间电势分布，使得由阴极发射的电子束在栅极附近形成交叉点。第一阳极 A_1 与第二阳极 A_2 一方面构成聚焦电场，使经过第一交叉点发散的电子束在聚焦电场的作用下又会聚起来；另一方面可使电子加速。电子以高速打在荧光屏上，屏上的荧光物质在高速电子的轰击下发出荧光，其亮度取决于到达

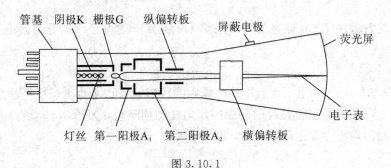

图 3.10.1

荧光屏的电子数目和速度。改变栅压及加速电压的大小都可以控制光点的亮度。纵、横偏转板是两对相互垂直的平行板,偏转板上加以不同的电压,可用来控制荧光屏上亮点的位置,因此可用示波器观察各种电压信号的波形。示波管的内表面涂有石墨导电层,称为屏蔽电极,它与第二阳极连在一起,使荧光屏受电子轰击而产生的二次电子由导电层流入供电回路,避免荧光屏附近积累电荷。实际上,电子进入第二阳极后就在一个等电势的空间中运动。

2. 电聚焦原理

由第一阳极 A_1 和第二阳极 A_2 所组成的电聚焦系统可以使电子束的交叉点在示波管的光屏上成像,呈现足够小的光点(见图 3.10.2)。由于 A_1、A_2 所组成的电聚焦系统对电子的作用与凸透镜对光的会聚作用相似,通常亦称之为电子透镜。A_1、A_2 由两个同轴圆筒构成,相对于阴极 K 分别加上不同的电压 U_1、U_2。改变 A_1、A_2 之间的电势差,相当于改变电子透镜的焦距,选择合适的 U_1、U_2 可使电子束的会聚点正好落在示波管的荧光屏上,这就是电聚焦现象。进一步了解有关电子透镜的理论,可参考有关文献,此处不再赘述。

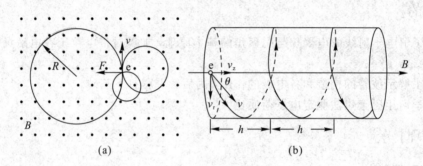

(a)   (b)

图 3.10.2

3. 磁聚焦原理

将示波管的第一阳极、第二阳极以及偏转电极全部连在一起,并相对于阴极 K 加载同一电压 U,这样电子进入第一阳极后就会在一个等势电场中运动。这时来自第一交叉点的电子束将不再会聚,而在荧光屏上形成一个光斑。为了使电子束聚焦,可在示波管外套上一个通电螺线管,让电子在一个均匀磁场中运动。由于栅极与第一阳极间的距离只有1 mm左右,可以认为电子在经过第一交叉点后就立即进入电势差为零的均匀磁场中运动。

对于在均匀磁场 B(电势差为零)中运动速度为 v 的电子,将受到洛仑兹力 F 的作用,即

$$F = -ev \times B \tag{3.10.1}$$

当 v 与 B 同向时,$F=0$,电子运动不受磁场影响。当 v 和 B 垂直时,力 F 垂直于速度 v 和磁感应强度 B,电子在垂直于 B 的平面内作匀速圆周运动,如图 3.10.2(a)所示,维持电子作圆周运动的向心力就是洛仑兹力,其大小为

$$F = -evB = m\frac{v^2}{R} \tag{3.10.2}$$

式中：m 为电子质量；R 为电子运动半径；v 为电子运动速率；电子绕圆一周所需的时间 T 为

$$T = \frac{2\pi R}{v} \tag{3.10.3}$$

将式(3.10.2)代入式(3.10.3)，可得

$$T = \frac{2\pi m}{eB} \tag{3.10.4}$$

由式(3.10.4)可见，T 与电子速率 v 无关，即在均匀磁场中，在垂直于磁场的方向上以不同速度运动的电子，其绕圆一周所需的时间是相同的。只是速度大的电子所绕圆周的半径 R 也较大，这一结论是磁聚焦原理的依据。

在一般情况下，电子速度 v 与磁感应强度 B 之间成一角度 θ，这时可将 v 分解成与 B 平行的轴向速度 v_z 和与 B 垂直的径向速度 v_r，如图 3.10.2(b)所示。由于电子在等势电场中运动，因此轴向速度 v_z 将保持不变，即电子沿轴方向做匀速运动。在径向速度 v_r 的作用下，电子受到洛仑兹力的作用而绕轴作圆周运动。合成后的电子运动轨迹为一条螺旋线，其螺距为

$$h = v_z T = \frac{2\pi m}{eB} v_z \tag{3.10.5}$$

从第一交叉点出发的各个电子，虽然径向速度 v_r 不同，所走的圆半径不同，但只要轴向速度相等，并选择合适的磁感应强度 B，使电子经过的路程恰好包含整数螺距 h，这时电子束又将会聚于一点，这就是电子射线的磁聚焦原理。

4. 电子荷质比的测定

从阴极发射的热电子的初速度很小，在相同的轴向加速电压下，可以认为加速后电子的轴向速度基本相同，设加速电压为 U，则有

$$\frac{1}{2} m v_z^2 = eU \tag{3.10.6}$$

即

$$v_z = \sqrt{\frac{2eU}{m}} \tag{3.10.7}$$

由于阴极向各个方向均发射热电子，虽然经加速后，电子的轴向速度 v_z 基本相同，但径向速度 v_r 并不相同，因此，这些电子将以不同的半径 R 和相同的螺距 h 作螺旋线运动。经过时间 T 后，会在 $h = 2\pi m v_z/eB$ 的地方聚焦。调节磁感应强度 B 的大小，使螺距 h 正好等于电子束第一交叉点到荧光屏的距离 L，这时荧光屏上的光斑将聚焦成一个小亮点，于是有

$$L = h = \frac{2\pi m}{eB} v_z = \frac{2\pi m}{eB} \sqrt{\frac{2eU}{m}} \tag{3.10.8}$$

整理后得

$$\frac{e}{m} = \frac{8\pi^2 U}{L^2 B^2} \tag{3.10.9}$$

上式即为电子荷质比的计算公式，只要测出加速电压 U、磁感应强度 B 以及示波管中电子

束的第一交叉点到荧光屏的距离 L（L 一般由实验室给出），即可计算出电子荷质比 e/m。继续加大 B，还可以观察到 $L = 2h$，$3h$，…时的聚焦现象，称为第二次聚焦，第三次聚焦…。这时的磁感应强度 B 应分别为第一次聚焦的 2 倍，3 倍，…。

【实验仪器】

本实验用到的实验仪器有：EMB-2 型荷质比测定仪、稳压电源。

【实验内容】

1. 观察电子射线的电聚焦现象

按图 3.10.3 连线，调节各电位器旋钮，观察各旋钮的作用及各电极所加电压的大小。实验中应注意，聚焦亮点切勿过亮，以免缩短荧光屏的使用寿命。

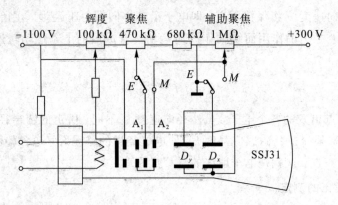

图 3.10.3

2. 观察电子射线的磁聚焦现象

按图 3.10.4 连线，并使加速电压 U 约为 900 V，这时来自电子束第一交叉点的电子进入阳极后，在等电势场中做匀速运动，且不再会聚，在荧光屏上形成一个光斑。为使电子束聚焦，调节螺线管励磁电流 I，即可改变电子束轴向的磁感应强度 B，观察第一次出现的磁聚焦现象。继续加大励磁电流，还可以观察到第二次、第三次聚焦现象。观察中仍需注意调节栅压，不要使亮点过亮。

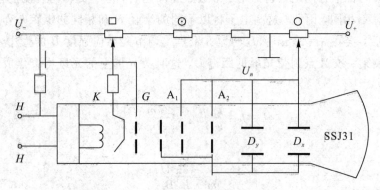

图 3.10.4

3. 电子荷质比 e/m 的测定

（1）按图 3.10.4 连线。

（2）调节加速电压 U（例如 800 V，900 V，…。如 U 在 800 V 时，亮点的亮度不够，可选用较高的 U，例如 900 V，1000 V，…）。注意，改变加速电压后亮点的亮度会改变，应重新调节亮度勿使亮点过亮。否则容易损坏荧光屏；同时亮点过亮，聚焦效果也不容易判断。调节亮度后加速电压也会有变化，再调到规定的电压即可。

（3）调节螺线管励磁电流 I，测定第一次、第二次、第三次聚焦时的励磁电流分别为 I_1、I_2 和 I_3（I_1、I_2 和 I_3 要仔细测量，为了减少偶然误差，各测 5 次，求平均值，在测量过程中，不应经常以上一个数据作参考，以免影响测量而无法减少偶然误差）。然后再把 I_1、I_2 和 I_3 折算为第一次聚焦的平均励磁电流 I，即求加权平均值：

$$I=\frac{I_1+I_2+I_3}{1+2+3} \tag{3.10.10}$$

由平均电流及螺线管参数求出螺线管中心磁场 B，再结合由实验室给出的电子束第一交叉点到荧光屏的距离 L，由式（3.10.9）求出电子荷质比。

（4）将螺线管磁场的方向反向，再测量一次。

（5）按表 3.10.1 的要求测定各项数据，计算出电子荷质比的平均值，并与公认值 $e/m=1.758\times10^{11}$ C/kg 比较。

表 3.10.1

B 的方向	加速电压 U_a/V	励磁电流					平均值 I/A	加权平均值 I/A	电子比荷 e/m $(\times10^{11}$C·kg$^{-1})$
正向	900	I_1							
		I_2							
		I_3							
	1000	I_1							
		I_2							
		I_3							
反向	900	I_1							
		I_2							
		I_3							
	1000	I_1							
		I_2							
		I_3							
平均值									

【思考题】

(1) 示波管亮度的变化会不会影响聚焦? 为什么?

(2) 为什么折算第一次聚焦的平均电流 $I=\dfrac{I_1+I_2+I_3}{1+2+3}$, 而不是 $I=\dfrac{I_1+I_2+I_3}{3}$。

(3) 试分析本实验中误差产生的原因。

第四章　光　学　实　验

光学实验基础知识

一、常用光源简介

光源通常是指一切发光物体的总称。实验室常用的是将电能转换成光能的光源，即电光源。电光源的种类极其繁多，形式千差万别，且应用十分广泛。下面简要介绍实验室常用的几种电光源的构造、原理和使用注意事项。

1. 热辐射光源

日常照明用的钨丝白炽灯是靠电能将灯丝加热至白炽状态而发光的热辐射光源。它的光谱是连续光谱，其光谱能量分布曲线与钨丝的温度有关。光学实验中所用的白炽灯一般多属于低电压类型，常用的有 3 V、6 V、12 V，使用时要特别注意供电电压。

若在钨丝灯泡内加入微量的卤族元素可制成卤钨灯，例如碘钨灯和溴钨灯。卤钨灯是利用卤钨循环原理制成的长寿高效光源。

钨丝灯(包括卤钨灯)可在近红外和可见光区辐射出很强的连续光谱，因而除用作照明外，还可以在可见和红外光谱研究中当做光源使用。卤钨灯还常被当做强光源广泛应用于摄影和电影放映等。将卤钨灯校准则可作为标准光源。

2. 气体放电光源

气体放电光源是根据电流通过气体放电而发光的原理制成的。气体放电的种类很多，其中用得最多的是辉光放电和弧光放电。下面介绍几种常用的气体放电光源。

1) 辉光放电管

辉光放电管是利用气体辉光放电发光的光源，又称光谱管。通常在小于10^3 Pa 及较小的电流密度下工作，其典型结构如图 4.0.1 所示。管内充有气体，点燃时发出所充气体的特征光谱，其光谱线很细锐，适于用作光谱波长标准的参考，几种气体放电管发射的光谱波长见附录 2。

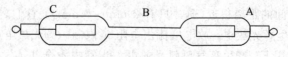

图 4.0.1

辉光放电管需用高压电源(5000~15000 V)才能点亮，实验室中常用感应线圈作电源。

2) 低压汞灯

汞灯(又称水银灯)是利用汞蒸汽放电而发光光源的总称。但通常将辉光放电型的汞灯归于前述的汞光谱管；而弧光放电型的汞灯才称为汞灯。按汞灯工作时的汞蒸汽压的高低，汞灯可分为低压汞灯、高压汞灯和超高压汞灯 3 种。实验室中常用低压汞灯和高压汞灯。

通常在小于 1.013×10^5 Pa 下工作的汞灯称为低压汞灯。实验室中常用的 GP2Hg 型低压汞灯是用于紫外光区的低压汞灯，而 GP20Hg 型则用于可见光区。表 4.0.1 列出了两种型号汞灯的主要参量。如图 4.0.2 所示为 GP2Hg 型低压汞灯的结构和工作电路。

表 4.0.1

型号	主谱线波长/nm	电源电压/V		工作电流/mA	工作电压/V
GP2Hg	253.7	AC 220	DC 700	4～10	150
GP20Hg	404.7 435.8 546.1 577.0 579.1	AC 220		1300	20

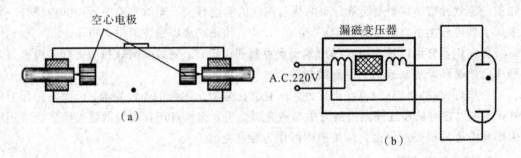

图 4.0.2

3) 高压汞灯

高压汞灯的汞蒸汽压可以是几个大气压甚至几十个大气压，大大提高了灯的亮度，可激发出更多的谱线。汞蒸汽压在 25×10^5 Pa 以上的汞灯称为超高压汞灯。一般的高压汞灯的构造如图 4.0.3(a)所示。在圆柱形石英管的两端各有一个主电极，在一个主电极旁还有一个辅助电极，用来诱导弧光放电。为使主电极易于放出热电子，主电极上涂有氧化物。管内先抽成真空，然后充入汞和少量氩气。在石英管外还有一个硬质玻璃外壳，起保温和保护作用。高压汞灯的工作电路如图 4.0.3(b)所示。当汞灯接入电路后，由于辅助电极与相邻主电极之间的距离很近(通常只有 2 mm～3 mm)，它们之间形成很强的电场，在强电场作用下，产生辉光放电，放电电流由电阻 R 限制。辉光放电产生的大量带电粒子在两个主电极电场作用下，产生高气压弧光放电。当管内汞全部蒸发后管压稳定，灯管正常发光。高压汞灯从启动到正常工作需要一段预热、点燃时间，通常需要 5 min～10 min，启动后，冷却也需 5 min～10 min，因此不能立即再启动。高压汞灯的电源可以使用 220 V 交流电。为了克服气体弧光放电过程中的负电阻效应，在电路中应根据灯管工作电流，选

用适当的限流器 L，以稳定灯管。

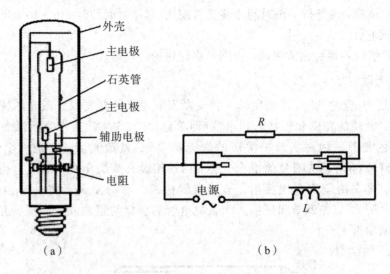

图 4.0.3

高压汞灯在紫外、可见和近红外区都有辐射，不同于低压汞灯，辐射几乎集中在 253.7 nm 附近。在高压汞灯的总辐射中约有 37% 是可见光，其中一半以上集中在汞的 4 条特征谱线上。高压汞灯是光学实验中比较理想的复色标准光源。

4）钠灯

钠灯分低压钠灯和高压钠灯两种，其工作原理和汞灯相似，都属于金属蒸汽的弧光放电。低压钠灯的实际结构和工作电路如图 4.0.4 所示。

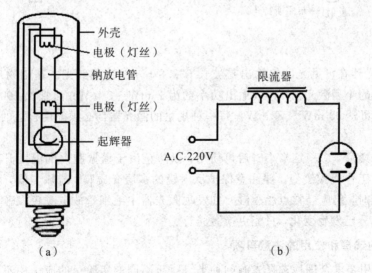

图 4.0.4

低压钠灯工作时，在可见光区发射出两条 589.0 nm 和 589.6 nm 极强的黄色光谱，通常称为钠双线（又称 D 线）。因两条谱线很接近，通常取它们中心波长的近似值 589.3 nm 作为钠黄光的波长值。由于其强度大、光色单纯，是实验室中最常用的单色光源。使用钠灯应注意：

（1）低压钠灯必须与限流器串联起来使用，否则灯管会被烧毁。

（2）灯点燃后，需等待一段时间才能正常使用（起燃时间约 5 min～10 min），点燃后就不要轻易熄灭它。

（3）在点燃时不得撞击或振动，否则易将灼热的灯丝震坏。

3. 激光光源

激光器是 20 世纪 60 年代出现的一种受激发射发光的新光源。激光的特点是具有极强的方向性、极高的亮度和极好的相干性（即单色性）。在实验室中常用激光作为强的定向光源和单色光源。物理实验中常用的激光器是氦-氖激光器，它是一个气体放电管（如图 4.0.5(a)），管内充有氦氖混合气体，两端用镀有多层介质膜的反射镜封固，构成光学谐振腔，光在两镜面多次反射，形成持续振荡。有的激光器将反射镜安装在管外（如图 4.0.5(b)），以便调节和更换。如果放电管的窗口与管轴成布儒斯特角，那么发出的光则是平面偏振光。

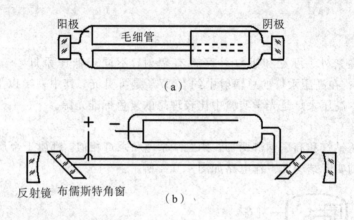

图 4.0.5

氦-氖激光器在可见光区的输出是波长 632.8 nm 的单色红光。基础物理实验室常用管长 250 mm 的小型激光器，连续输出功率约为 2 mW～3 mW；而管长 1000 mm 的激光管，连续输出可达 30 mW～40 mW。每一种规格的激光器都必须配用合适的工作电源，方能正常工作。

激光器点燃后，应稳定半小时后再使用，以防止由于谐振腔内的温度升高，使腔长发生变化而导致工作模式改变。要注意保护反射镜的多层介质膜，清除尘埃，防潮防漏。激光器长期不用时，仍应经常点燃驱湿。如发现激光器中毛细管放电颜色发蓝时，表示放电管中气体的成分已发生变化，只能更换激光管。

4. 光源的选择和使用的注意事项

（1）据使用要求合理地选择光源的种类。对于不同的实验目的应采用不同的光源，如作为一般的照明与透镜成像，可采用最普遍的钨丝白炽灯；在干涉实验中采用钠光灯和激光光源；在衍射实验中采用低压汞灯或高压汞灯。

（2）注意各种电光源的使用条件，遵守安全操作规程，注意眼睛的保护和用电安全，灯管必须按规定方式安放，以延长灯管寿命。

二、常用光电探测器简介

在光学实验中，对光强（或者光的能量）进行定量测定时，经常要用到光电探测器。光电探测器是将光信号转变成电信号的电子器件。选用各种不同的光电探测器，并配合适当的测量电路，可以广泛应用于红外、可见和紫外辐射的探测。本节只简单介绍光学实验中常用的几种光电探测器。

1. 光电池

光电池是利用一些半导体材料在光照射下，受光面和背光面之间产生的电势差效应（即光生伏打效应）制成的器件。常用的光电池有硒光电池和硅光电池。前者适用于可见光谱，其光谱灵敏度峰值波长为 570 nm，位于人的视觉范围内；后者适用于可见光到近红外光谱范围（400 nm～1100 nm），其光谱灵敏度峰值为 780 nm，位于近红外区。

作为探测元件时，光电池应以电流源形式来使用，一般在光照不太强时，光电池的短路电流与光辐射强度呈线性关系。光电池的响应时间一般在 10^{-3} s～10^{-5} s。图 4.0.6 为硒光电池的结构图。

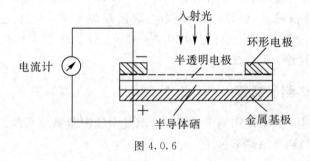

图 4.0.6

2. 光电管

光电管利用光电效应制成，是光电发射二极管的简称，由一个阴极和一个阳极安装在抽成真空或充有惰性气体的玻璃管内构成。阴极表面镀有光电发射材料，例如锑-铯或铯-氧-银等，称为光阴极。当满足一定条件的光照射光阴极后，就会从光阴极表面发射出光电子，如果在阳极和阴极之间加上正向电压，光电子就会在电场的作用下向阳极运动，形成电流，随着两极间电压增加，光电流逐渐增大，最后趋于饱和。光电流与外加电压的关系，即光电管的"电流-电压"特性，如图 4.0.7 所示。图 4.0.8 为光电管的典型电路，回路中串联的电流计可用于测量光电流的大小。图 4.0.8 中(a)为不透明光阴极光电管，(b)为半透明光阴极光电管。

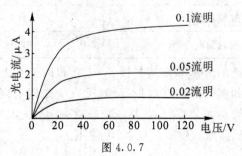

图 4.0.7

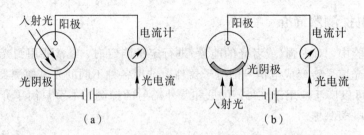

图 4.0.8

真空光电管的响应时间极短，一般在 10^{-8} s 以下，因此可用于测量快速变化的脉冲光。

3. 光导管(光敏电阻)

硫化镉、硒化镉等光导管受光照后并不发射光电子，但其电阻会发生变化。照射的光通量越大，它的电阻就变得越小。光导管电路如图 4.0.9 所示。

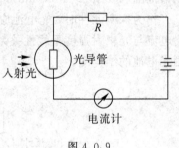

光导的光谱响应一般在可见光范围(400 nm～760 nm)。硫化镉光导管的峰值波长为 520 nm 左右，硒化镉为 720 nm 左右。一般光导管的响应时间为 10^{-1} s～10^{-5} s，比光电池的响应速度慢，但较灵敏。

图 4.0.9

三、测微目镜和移测显微镜

基础物理实验中，经常使用测微目镜和移测显微镜测量微小长度。现将其结构、测量原理、使用方法等分别介绍如下。

1. 测微目镜

实验室中常用的是 MCU－15 型测微目镜，其规格如表 4.0.2 所示。

表 4.0.2

项　目	规　格
目镜放大率	15 倍
有效测量范围/mm	6
目镜分划尺格值/mm	1
分划尺刻度数/mm	0～8
测微鼓轮最小读数/mm	0.01
测量精度/mm	0.01

MUC－15 型测微目镜的外形和结构如图 4.0.10 和图 4.0.11 所示。图 4.0.11 中，1 是复合目镜；2 是有毫米刻度的固定玻璃板(分划尺)；3 是附有竖直双线和十字叉线的可动玻璃板(分划板)；4 是转动测微螺旋；5 是读数鼓轮；6 是防尘玻璃；7 是接头装置，可装配在各种显微镜和平行光管(或其他类似仪器)上使用。

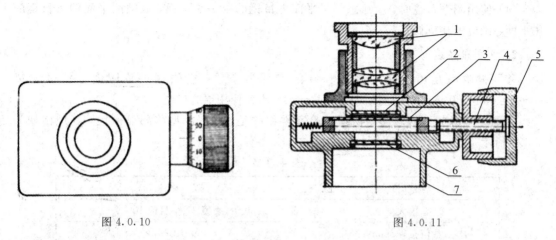

图 4.0.10　　　　　　　　　　　　　图 4.0.11

　　打开目镜本体匣，可以看到目镜的内部结构（如图 4.0.12）。图 4.0.12(a)毫米刻度的分划尺固定在目镜的第一焦平面上，在分划上刻有竖直双线和十字叉线，如图 4.0.12(b)所示，分划尺和分划板之间仅有 0.1 mm 的空隙，因此，若在目镜中观察，则可看到如图 4.0.12(c)所示的图案。分划板的框架通过弹簧与测微螺旋的丝杆相连，当测微螺旋（与读数鼓轮相连接）转动时，丝杆就会推动分划板的框架在导轨内移动，这时目镜中的竖直双线和十字双线将沿垂直于目镜的平面横向移动。读数鼓轮每转动一圈，竖线和十字叉线就移动 1 mm。由于鼓轮上又细分 100 小格，因此，每转动一小格叉丝就移动 0.01 mm，所以鼓轮上每 1 小格就代表 0.01 mm。测微目镜十字叉丝中心移动的距离，可从分划尺上的数值加上读数鼓轮上的读数而得到。

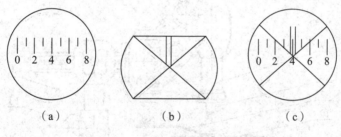

（a）　　　　　　　　（b）　　　　　　　　（c）

图 4.0.12

　　由于分划板是靠测微螺旋丝杆的推动而移动的，因此，不免带来一定的螺距差，但是对于一般精度的微小测量，已足够精确。

　　使用测目镜时应注意以下几点：

　　(1) 数鼓轮每旋动一周，叉丝移动的距离等于螺距。由于测微目镜的种类繁多，精度不一，因此使用时，首先要确定分格的精度。最常用的 MUC - 15 型测微目镜分格精度为 0.01 mm，读数还应多出一位。

　　(2) 每次测量时，螺旋应沿同一方向旋转，不要中途反向。这是因为螺纹间有间隙（称为螺距差），当向相反方向旋转时，必须转过这个间隙后叉丝才能跟着螺旋移动。因此若旋转过头，必须退回一圈，再从原方向旋转推进，重新测量。

　　(3) 旋转测微螺旋时，动作要平稳、缓慢，如已达到一端不能强行旋转，否则会损坏螺旋。

（4）使用测微目镜时，应注意测量平面为目镜的第一焦平面，如被测平面偏离目镜的焦平面，则应做相应修正。

2. 移测显微镜

移测显微镜是用于精确测量长度的专用显微镜，它的测量范围大于测微目镜（0～50 mm/180 mm），精度相同（0.01 mm），因此使用更为广泛。

移测显微镜的形式较多，物理实验室常用的是 JXD-1 型移测显微镜，其规格如表4.0.3 所示。

表 4.0.3

项　目	规　格
总放大率	30 倍（物镜 3×，目镜 10×）
数值孔径/mm	0.10
测量范围/mm	0～50
测微鼓轮最小读数/mm	0.01
测量精度/mm	0.01

JXD-1 型移测显微镜的外形如图 4.0.13 所示，由螺旋测微装置和显微镜两部分组成。

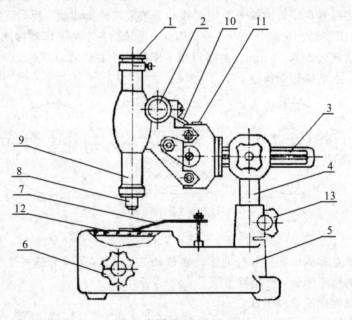

图 4.0.13

图 4.0.13 中，1 是目镜；2 是调焦手轮；3 是转鼓；4 是镜臂；5 是底座；6 是转动旋钮；7 是压片夹；8 是物镜；9 是镜筒；10 是指标；11 是标尺；12 是毛玻璃；13 是底座手轮。测量前，把被测物体放在毛玻璃 12 上，要求被测物体表面与镜筒 9 的光轴垂直。测量时，先放松底座手轮 13，粗调工作距离（约 42 mm），再用调焦手轮 2 进行微调，使像清晰。调节目镜 1，清楚地看见视场中的十字叉丝后，转动读数鼓轮，使显微镜中十字叉丝交点对准被测量线条的一端，即可在标尺 11 和读数鼓轮上读数。读数标尺上有 0～50 mm 刻度线，每一格为 1 mm；读数鼓轮每旋一周，指标 10 的指示值就改变一格（1 mm）；鼓轮的

圆周等分为 100 小格，刻有 0～100 分度线，因此，鼓轮上每一小格就代表 0.01 mm。所以，读数时毫米以上部分由标尺读出，毫米以下部分由鼓轮读出。再转动鼓轮，移动镜筒，使显微镜中十字叉丝交点对准被测量线条的另一端，可在标尺和读数鼓轮上读出读数，两次读数之差，就是被测物体的直线长度。

由于显微镜也是靠测微螺旋杆的推动而移动的，因此，移测显微镜和测微目镜一样，也要防止螺距差。为了减少螺距差，要采用单方向测量，如显微镜超过了被测物体，就需要退回一圈，再从同一方向接近物体，重新对准后读数。一般为了提高测量精度，可采用两次或数次测量取其平均值。

使用时，还应注意维护和保养，调节工作距离时，不能使镜筒直接与被测物体或毛玻璃接触，以免损坏镜头。调好后，用底座手轮紧固，观察与测量时采用调焦手轮。使用完毕后，应用保护套罩好仪器，以免灰尘进入丝杆部分。各种光学零件切勿随意拆动，以保持仪器的精度。

四、光学实验仪器的使用和维护

光学仪器的核心部件是其光学元件，例如各种透镜、棱镜、反射镜、分划板等，它们大多数是用玻璃制成的，其表面都经过精细抛光，有些还镀有一层或多层薄膜，对其光学性能(如平行度、折射率、反射率、透射率等)都有一定的要求，若使用和维护不当，则会降低其光学性能甚至损坏报废。造成损坏的常见原因有：摔坏、磨损、污损、发霉、腐蚀等。基于上述原因，光学元件和仪器在使用和维护时必须遵守以下规则：

(1)必须了解仪器的使用方法和操作要求后才能使用。

(2)轻拿轻放、勿受震动，特别要防止从高处掉落。不使用的光学元件应随时装入专用盒中并放在桌子的里侧。

(3)切忌用手触摸元件的光学表面。必须用手拿光学元件时，只能接触其磨砂表面，如透镜的边缘、棱镜的上下底面等。

(4)光学表面如有灰尘，可用实验室专备的干燥脱脂棉轻轻擦拭，或用橡皮吹气球吹掉，切不可用其他任何物品挟拭。且防止唾液或其他溶液溅落在光学表面上。

(5)光学表面上若有轻微的污痕或指印，可用清洁的镜头纸轻拂去，但不能加压擦拭，更不准用手帕、衣服、普通纸片等擦拭。若表面有较严重的污痕或指印，应用丙酮或酒精等清洗(镀膜面一般不宜清洗)。

(6)调整光学仪器时，要耐心细致，一边观察一边调整，动作要轻、慢，严禁盲目操作。

(7)在暗室中应先熟悉各种仪器用具安放的位置。在黑暗环境下摸索仪器时，手应贴着桌面，动作要轻缓，以免碰倒或带落仪器。

(8)仪器用毕应放回箱(盒)内或加罩，防止灰尘沾污。

实验 4.1 薄透镜焦距的测量

几何光学利用光线的概念来研究光的传播和成像问题。透镜是光学仪器中的一种最基本的元件。眼球就是一种透镜，我们所看到的景物都是通过眼球在视网膜上成像所形成的。在光学成像制图过程中透镜的焦点是一个重要的参考点，而焦距是计算成像位置的一个重要物理量。测量透镜焦距的实验是基础光学实验的第一个实验，通过该实验不但应学会测量焦距的方法，同时为调节光路打下基础。

焦点是平行光束经光学系统后光线（或其延长线）的交点。物方空间的平行光束在系统像方空间所对应的光线（或其延长线）的交点（F'）称为像方焦点。像方空间的平行光束在物方空间所对应的光线（或其延长线）的交点（F）称为物方焦点。像方焦点（F'）与物方无穷远点共轭，而物方焦点则与像方无穷远点共轭。

焦距是球面镜或透镜的主点与其焦点之间的距离。主点又分为物方主点（H）与像方主点（H'）。球面镜主点位于其顶点，薄透镜的物方主点与像方主点重合于光心 O 点。厚透镜及任何光学系统的物距、像距、焦距均是以主点为参考原点进行测量的距离。由于薄透镜的 H 与 H' 重合，因此薄透镜焦距均以光心 O 点为参照点进行测量。

【实验目的】

（1）学会调节光学系统的共轴。
（2）掌握薄透镜焦距的测量方法。

【实验原理】

1. 光具座上的共轴调节

本实验中，测量薄透镜焦距均在光具座上进行，为此首先要学会调节光学系统的共轴。它是进行光学实验，特别是进行几何光学实验的基本训练之一。

将各种光学元件（如透镜）合成特定的光学系统或应用光学系统成像时，要想获得较好的像质，必须保持光束的同心结构，也就是要求光学系统符合或接近理想光学系统的条件，确保物方空间的任一物点经过系统成像时，在像方空间必有一共轭像点，并符合理论计算公式。因此，在光具座上调节光学系统，必须满足：① 所有光学元件的光轴重合；② 公共的光轴与光具座导轨严格平行，一般的调节可分为粗调和细调两步进行。

（1）粗调。先把物、镜、屏等元件放置于光具座上，并使它们尽量靠拢，用眼睛观察，使各元件的中心大致在与导轨平行的同一条直线上，并使物平面、像平面和透镜面相互平行且垂直于光具座导轨。

（2）细调。依靠成像规律进行调节。若在测量透镜焦距的实验中，物和观察屏相距较远，则可将移动透镜置于两个不同的位置Ⅰ和Ⅱ处，像屏位置固定不变并分别呈现大、小两个实像。如果物的中心处在透镜光轴上，而光轴与导轨平行，则透镜分别移至Ⅰ和Ⅱ的位置时，大小两次所成像的中心必将重合。反之，若不重合，则说明物的中心偏离透镜的光轴，应根据像的偏移，判断物的中心究竟是偏左、偏右，偏上还是偏下，再加以调整。

2. 薄透镜焦距的测量

本实验仅考虑薄透镜的情况，即透镜的厚度远小于球面曲率半径的透镜。在近轴条件下透镜的成像公式为

$$\frac{1}{s'} - \frac{1}{s} = \frac{1}{f} \tag{4.1.1}$$

式中：s 为物距；s' 为像具；f' 为像方焦距，参考点均为薄透镜的光心 O 点。相应的符号规则为：对于光轴上的线段，自参考点量起，与光线进行方向一致时为正，反之为负；对于垂直于光轴的线段，光轴上方线段为正，光轴下方线段为负。运算时已知量需添加符号，未知量则根据求得结果中的符号判断其物理意义。例如，图4.1.1所示，物距为 s，图中所标的 $-s$ 表示原点与光轴上物点之间的线段距离。

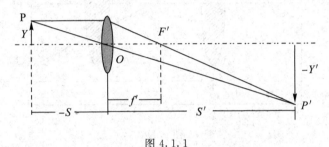

图 4.1.1

1）测量凸镜焦距的方法

（1）用自准直法测定焦距。自准直法是通过调节实验装置本身，使物与像重合用以调焦的方法，因调节过程中会用到平面镜，所以也称平面镜法。此法测量比较简便、迅速，并能直接测得透镜焦距的数值。其原理如下：如图4.1.2所示，为简单起见，以狭缝光源 P 作为物放在透镜 L 的物方焦平面上的焦点处时，由 P 发出的光经透镜后成为平行光，垂直入射到 L 透镜后的平面镜 M 上，则经 M 反射后将沿原来的路线返回到位于焦平面上的狭缝处，即成像于 P' 点，且 P；P'重合。P 与 L 之间的距离就是透镜的像方焦距 f'。

（2）用平行光测凸透镜焦距。平行光经凸透镜会聚成一点。如图4.1.3所示；测得透镜光心 O 与 F' 的距离，即该透镜的焦距 f'。

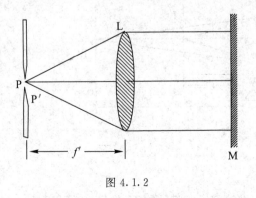

图 4.1.2

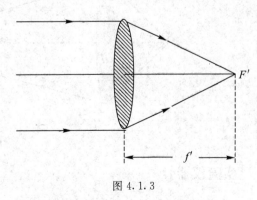

图 4.1.3

（3）通过测物距、像距法求出焦距。若将实物放在透镜物方焦点以外，实物发出的光会经过透镜而成实像。所以，通过测定物距和像距，根据式（4.1.1）即可求出透镜的像方

焦距 f'。且当物方和像方为同一媒质时，物方焦距 $f=f'$。

（4）由透镜两次成像法测透镜焦距。保持物体与像屏的相对位置不变，并使其间距 l 大于 $4f'$，则当凸透镜置于物与屏之间，可找到两个位置，像屏上均能得到清晰的像，如图 4.1.4 所示。透镜两个位置 I 和 II 之间的距离为 d，根据两次成像的贝塞尔公式可得

$$f' = \frac{l^2 - d^2}{4l} \tag{4.1.2}$$

根据上式即可求出凸透镜的焦距 f'。

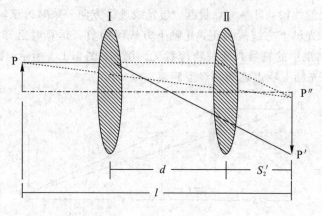

图 4.1.4

2）测量凹透镜焦距的方法

由于单独的凹透镜不能将实物成像于屏上，所以不能直接套用测量凸透镜焦距的方法来测量凹透镜的焦距。现介绍用辅助透镜成像求焦距。

如图 4.1.5 所示，设物 P 发出的光经辅助凸透镜 L_1 成实像，在 P'' 和 L_1 之间插入待测凹透镜 L_2，原来的像 P'' 对透镜 L_2 为虚物，则成像于 P' 点。L_2 与 P'' 的间距为物距 s，L 与 P' 的间距为像距 s'，应用成像公式（4.1.1）可求出凹透镜 L_2 的焦距 f'（注意：计算过程应注意 s 和 s' 的正、负号）。

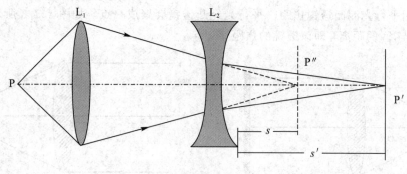

图 4.1.5

【实验仪器】

本实验用到的实验仪器有：光具座、凸透镜、凹透镜、光源、物屏、像屏、平面反射镜、指针、读数小灯以及滑块支架。

【实验内容】

（1）用自准直法测量凸透镜的焦距 f'。

（2）用平行光法测凸透镜的焦距 f'。

（3）用物距-像距法测量凸透镜的焦距 f'。要求：透镜置于 3 个不同的位置，分别测出物距 s 和像距 s'。根据测量数据，求出最后结果 $f'=\overline{f'}\pm\Delta f'$。

（4）用两次成像法测量凸透镜的焦距 f'。要求：在 $l>4f'$ 条件下，物屏与像屏的间距 l 取 3 个不同的值，分别测出 l 与 d 的值。根据以上测量数据，求出最后结果 $f'=\overline{f'}\pm\Delta f'$。

（5）用辅助透镜法测量凹透镜的焦距 f'。要求：根据实验具体情况，画出如图 4.1.4 的光路图并标出各有关位置之间的距离。

【思考题】

（1）为什么光学系统要进行共轴调节？

（2）两次成像法测量凸透镜的焦距时，$l>4f'$，为什么？

（3）如何用自准直法测量凹透镜的焦距 f'？画出其光路图并说明。

实验4.2　分光计的调节与使用

分光计是一种利用光学原理精密测量角度的仪器。在光学实验中，分光计主要用来测定光线的偏转角度、光学平面间的夹角等。结合光学元件（如光栅、棱镜、偏振片等），还可以观察光谱及光的折射、衍射、偏振等光学现象。分光计是光学实验的基本仪器之一，在使用之前，必须经过一系列精细的调整，它的调整技术是光学实验中的基本技术之一。本实验学习对 JJY 型分光计进行调整，实验着重于训练分光计的调整技巧，要求基本掌握分光计的调整技术，并为进一步学习与掌握精密光学仪器的调节技术打下基础。

【实验目的】

（1）了解分光计的结构。

（2）基本掌握分光计的调整技术。

【实验原理】

1. 分光计的结构简介

本实验所使用的 JJY 型分光计的结构如图 4.2.1 所示，它主要由底座、望远镜、准直管、载物台和读数装置五个部分组成。

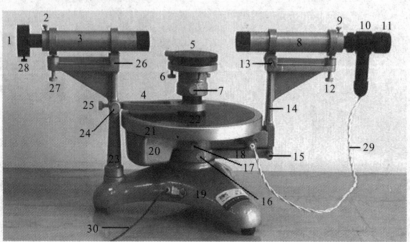

1—狭缝装置；2—狭缝装置锁紧螺钉；3—准直管；4—制动架（二）；5—载物台；6—载物台调节螺钉；7—载物台锁紧螺钉；8—望远镜；9—望远镜锁紧螺钉；10—阿贝式自准直目镜；11—目镜视度调节手轮；12—望远镜光轴倾斜度调节螺钉；13—望远镜光轴水平转动调节螺钉；14—支臂；15—望远镜微调螺钉；16—转轴与度盘止动螺钉；17—望远镜止动螺钉；18—制动架（一）；19—底座；20—转座；21—度盘；22—游标盘；23—立柱；24—游标盘微调螺钉；25—游标盘止动螺钉；26—准直光管光轴水平调节螺钉；27—准直光管光轴高低调节螺钉；28—狭缝宽度调节手轮；29—目镜照明电源线；30—总电源线

图 4.2.1

1）底座

在底座的中央有一个中心轴，刻度盘、游标盘、载物台等都套在中心轴上，可以绕中心轴旋转，中心轴也是仪器的旋转主轴。

2）望远镜

望远镜是用来观察和确定光的行进方向的仪器。望远镜一端装有消色差物镜 f，另一端装有目镜 e。如图 4.2.2 为 JJY 型分光计望远镜的结构图。分光计的目镜有阿贝目镜和高斯目镜两种。本实验所用 JJY 型分光计望远镜的目镜是阿贝目镜。如图 4.2.2 所示，目镜 e 装在套筒 q 中，套筒 q 可在镜筒中前后移动，以达到对物镜调焦的目的。在目镜的前方安装着一个刻有刻线的玻璃片，叫分划板（图 4.2.2 中 O 处）。分划板上刻有测量用十字刻线和调整用刻线。在分划板与目镜之间装有一块小棱镜 p，棱镜的下方有一个小灯泡和一片绿色毛玻璃片。棱镜的斜面倾角为 45°，可将小灯的光反射到分划板上。小灯不亮时，阴影呈黑色；当小灯点亮时，在分划板的下方可以看到绿色的发亮棱镜 p 的阴影，阴影内可见一个"黑十字"，"黑十字"实际是一个空心十字。在分划板上"黑十字"所在部位，是一个正方形镀有金属铬的不透光区域，位于该区域正中的"黑十字"部分未镀铬，因此"黑十字"是一个可透光的空心十字。当光照到分划板的十字部位，即可形成一个向着物镜 f 方向发射绿光的十字，对物镜 f 而言，可视为光学成像的物。若将平面反射镜 M 放在物镜前，则可将出射光线反射回来。当分划板调在物镜的焦平面上时，可以在分划板上看到一个清晰的"绿十字"，该"绿十字"实际上是"黑十字"经透镜 f 和平面反射镜 M 后所成的像。

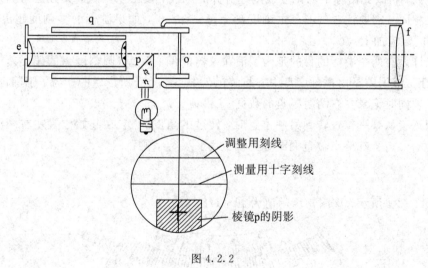

图 4.2.2

3）准直管

准直管固定在底座的立柱上，可用于产生平行光。准直管的一端装有消色差物镜，另一端为狭缝装置，狭缝的宽度可以通过调节手轮调整，其范围约为 0.02 mm～2 mm。当狭缝位于物镜的焦平面上时，狭缝发出的光线经准直管出射后为平行光。

4）载物台

载物台用来放置光学元件。如图 4.2.3 所示，载物台主要有台座和台面，台座套在游标盘上，可随游标盘转动，也可在松开相应的螺钉后独自转动。载物台的台面上刻有 3 条互成 120° 的刻线,可以用来帮助确定光学元件的位置。台座的水平面与仪器转轴垂直。台面下有 3 个互成 120° 的螺钉,调节螺钉可使载物台的台面与旋转主轴垂直。使用时要注意螺丝钉和刻线对齐,以便于调节。

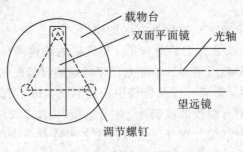

图 4.2.3

5) 读数装置

读数装置可用于测量光线方向,由主刻度圆盘和游标盘组成,游标盘上有两个游标。通过相应的锁紧螺钉,主刻度盘既可以随望远镜一起转动,也可与望远镜分离而独自转动。

主刻度盘上刻有 720 等分的刻线,格值为 30′。游标盘沿直径方向上设有两个角游标,正好相差 180°。游标的刻线将主刻度盘上的 29 格等分为 30 格,其原理与游标卡尺相同。读数时,要先以游标的零刻度线为准,从主刻度盘上找到与游标零刻度线相对应的位置,读出"度"数;再找到游标上与刻度线刚好对齐的刻线,读出"分"数,其方法与测量长度的游标卡尺相同。需要注意的是,主刻度盘上每格为 30′,如果游标的零刻度超出 30′ 刻线,则"分"数应加上 30′。

分光计设有两个游标的目的是为了消除仪器的偏心误差(圆刻度盘的偏心差说明详见【附录 12】),该误差是由主刻度盘中心与游标盘中心不重合所产生的。为了消除偏心误差,测量时必须同时记录左右两游标盘的数据 $\nu_左$ 和 $\nu_右$。

设望远镜从某一位置转到另一位置时,转过的角度为 θ,在起始位置左右两游标的读数分别为 $\nu_左$、$\nu_右$,在终点位置两游标的读数为 $\nu'_左$、$\nu'_右$,则

$$\theta = \frac{1}{2}(\theta_1 + \theta_2) = \frac{1}{2}\left[(\nu'_左 - \nu_左) + (\nu'_右 - \nu_右)\right]$$

如图 4.2.4 所示,该图角度示值为 116°12′。

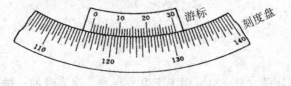

图 4.2.4

注意:当望远镜转动时,若某游标盘经过刻度盘的 0° 线,在计算角度时需根据转动方向加或减 360°。

分光计上有三套设备控制望远镜和刻度盘的转动,正确运用这些设备对于测量很重要。这些设备主要由 5 个螺钉控制,它们是图 4.2.1 中标号 15、16、17、24、25 这 5 个螺

钉，其作用简述如下：

（1）转轴与度盘止动螺钉 16 和望远镜微调螺钉 15：为了精确调整望远镜转过的角度，分光计设置了望远镜微调机构。微调时，先旋紧螺钉 17，止动望远镜，然后调节螺钉 15，可将望远镜在小范围内缓慢移动。

（2）望远镜止动螺钉 17：用来控制望远镜与刻度盘的离合。望远镜安装在支臂上，支臂与转座固定在一起，套在刻度盘上，锁紧螺钉 17，刻度盘方可随望远镜一起转动。

（3）游标盘止动螺钉 25 和游标盘微调螺钉 24：用于将载物台套在游标盘上。旋转载物台时，要先锁紧载物台锁紧螺钉 7，放松螺钉 25，通过旋转游标盘来带动载物台旋转。锁紧螺钉 25，再调节螺钉 24，可使游标盘在小范围内缓慢旋转。测量读数前，必须先锁紧螺钉 25，固定游标盘。

分光计还附有电源和读数小灯。电源输出 6.3 V，外接插头接在仪器底座的插座上。通过仪器内的导电环，接通转座的插座。望远镜中的照明灯的插头插在转座的插座上。读数小灯带有放大镜，可用于照明和放大游标盘。

2. 分光计的调整原理和方法

为了使分光计能正确地进行各种光学测量，使用前需进行仔细的调整。分光计的调整主要包括以下步骤。

1）望远镜的调焦

望远镜调焦的目的是使望远镜对平行光聚焦，使其能准确测量光线的方向，步骤如下：

（1）目镜调焦：使眼睛通过目镜能很清楚地看到目镜中分划板上的刻线。将目镜调焦手轮 11 旋出，然后一边旋进一边从目镜中观察，直到分划板成像清晰且无视差。

（2）望远镜的调焦：使望远镜对无穷远调焦，即望远镜接收平行光，可按以下步骤操作。

① 将从变压器输出的 6.3 V 电源插头插到底座的插座上，同时将目镜照明灯的插头插到转座上，接通电源。

② 手持平面镜，将平面镜镜面紧贴望远镜物镜。

③ 从目镜中观察，可以看到绿十字或一个绿色亮斑。松开目镜锁紧螺钉 9，前后移动目镜的镜筒 q，对望远镜进行调焦。当绿十字成像最清晰且无视差时，望远镜对无穷远聚焦。此时分划板刻线位于物镜的焦平面上。这种借助平面镜反射，将物和像都调在物镜焦平面上的方法叫作自准直法。

④ 将分划板的水平和竖直刻线调成水平与竖直后，旋紧螺钉 9。

2）调节望远镜的光轴及载物台

调节望远镜的光轴及载物台台面垂直于仪器的旋转主轴，如图 4.2.5 所示。

望远镜的光轴及载物台的调节是分光计调节的核心部分，为了正确理解调节方法，首先应了解分光计观测系统的 3 个基本平面。

（1）读数面：读数装置刻度盘和游标盘所在的平面，分光计的读数面和仪器的中心轴垂直。

（2）观察面：望远镜绕仪器中心轴旋转时所形成的面。调节的目的是使望远镜的光轴垂直于旋转主轴，这时观察面是一个和测量面平行且垂直于仪器旋转主轴的平面。

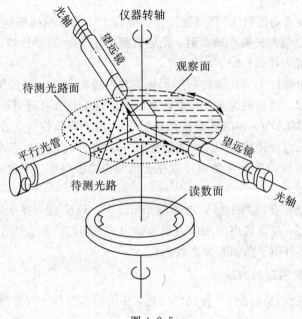

图 4.2.5

(3) 待测光路面：由准直管狭缝发出的光及其经光学元件反射、折射、衍射后的光线共同组成的面。当仪器调节达到要求时，待测光路面也应是一个和测量面平行并且垂直于仪器转轴的平面。

调节望远镜光轴及载物台台面垂直于旋转主轴的目的就是要使读数面、观察面及待测光路面三者平行，调节方法如下：

(1) 粗调。粗调的目的是使望远镜的光轴及载物台的台面大致和仪器转轴垂直。粗调的方法是：仔细观察并调整望远镜镜筒倾斜度，调整螺钉 12 和载物台调节螺钉 6（共有 3 个），使望远镜镜筒和水平支臂平行，载物台的台面和台座的水平面平行。

将平面镜按图 4.2.6 的位置放在载物台上，图中 b_1、b_2、b_3 分别为载物台的 3 个调节螺钉。旋紧螺钉 7，松开螺钉 25，转动游标盘，从望远镜中观察平面镜反射的绿十字。当看到平面镜一个面反射的绿十字后，将载物台旋转 180° 观察，若再次观察到平面镜另一面反射的绿十字，则粗调成功（如图 4.2.7 所示）。

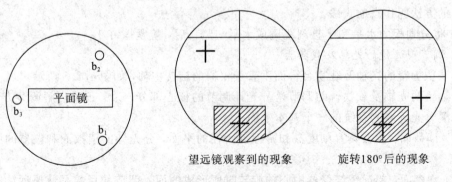

望远镜观察到的现象   旋转180°后的现象

图 4.2.6   图 4.2.7

若只有一面可见绿十字，另一面没有，应先仔细检查载物台台面和台座水平面是否平行、望远镜镜筒和支臂是否平行。若都平行，可将能看到的绿十字调节至分划板的最下方或最上方，再旋转游标盘，观察平面镜另一面反射的绿十字，直到完成上述粗调要求。

（2）细调。

① 由于平面镜的法线和转轴不垂直，平面镜两个面反射的绿十字在分划板的竖直方向上有高度差。调整 b_1 或 b_2，将绿十字调在 1/2 高度差的高度上，这样两个面反射的绿十字高度大致相同。

② 调整望远镜光轴倾斜度。调节螺钉 12，使绿十字位于调整用刻线上。按细调步骤①、②反复调整，直至平面镜两反射面反射的绿十字都在调整用刻线上（如图 4.2.8 所示）。

③ 如图 4.2.9 所示，将平面镜转 90°放置，旋转游标盘并调整 b_3，使望远镜中观察到的绿十字位于调整用刻线上。这时可以认为望远镜的光轴及载物台台面已垂直于仪器的旋转主轴。

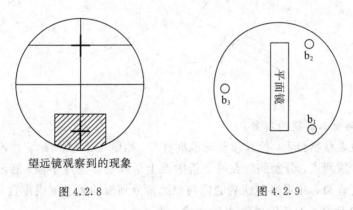

望远镜观察到的现象

图 4.2.8　　　　　　　　图 4.2.9

3）准直管的调节

调节准直管的目的是使准直管产生平行光，并使其光轴与望远镜光轴重合，步骤如下：

（1）取下平面镜，关闭望远镜十字的照明小灯，用光源照亮准直管狭缝，将调好的望远镜对准准直管。

（2）从望远镜目镜中观察，可以看到狭缝的像。松开准直管上狭缝锁紧螺钉 2，前后移动狭缝，使狭缝的像最为清晰。同时调节狭缝宽度调节手轮 28，将狭缝调成一条较细的缝。

（3）将狭缝转成水平取向，调节准直管光轴倾斜度。调节螺钉 27，将狭缝像调在分划板的水平测量刻线上（注意：应调整测量刻线而非调整刻线）。

（4）将狭缝转回到竖直取向。调整狭缝使狭缝与分划板的竖直测量刻线平行，对狭缝的清晰度再略作调整，锁紧螺钉 2。

至此，分光计观测系统的 3 个基本平面已调整完毕，分光计处于测量准备状态。

3. 测量棱镜顶角角度的方法

1）自准直法测量三棱镜的顶角

将待测棱镜按图 4.2.10 所示的位置放在载物台上，并固定载物台，开启望远镜的目镜小灯，旋转望远镜，使其对准棱镜的一个折射面，用自准直法调节其光轴，使其与此折射面严格垂直,将绿十字的反射像和调整刻线完全重合,记录刻度盘上两游标对应的读数 $\nu_{左}$、$\nu_{右}$,再转动望远镜,按同样方法使它的光轴垂直于棱镜另一折射面,记录两游标对应的读数 $\nu_{左}'$、$\nu_{右}'$ 同一游标两次读数之差等于棱镜顶角 A 的外角 θ,即

$$\theta = \frac{1}{2}(|\nu_{左}' - \nu_{左}| + |\nu_{右}' - \nu_{右}|) \tag{4.2.1}$$

则棱镜顶角为

$$A = 180° - \theta \tag{4.2.2}$$

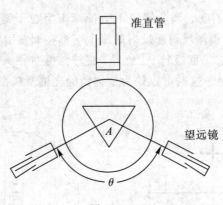

图 4.2.10

2) 反射法测量三棱镜的顶角

将三棱镜放在载物台上,使其顶角对准准直管,如图 4.2.11 所示。由准直管射出的平行光束被顶角分成两束,分别照射在两个折射面上。载物台固定不动,转动望远镜,先后两次接收其反射光束,并观察到狭缝的像与望远镜分划板的竖直刻线重合,则两个位置处望远镜光轴间的夹角 φ 为棱镜顶角 A 的 2 倍,即

$$\varphi = 2A \tag{4.2.3}$$

而

$$\varphi = \frac{1}{2}(|\nu_{左}' - \nu_{左}| + |\nu_{右}' - \nu_{右}|)$$

所以

$$A = \frac{\varphi}{2} = \frac{1}{4}(|\nu_{左}' - \nu_{左}| + |\nu_{右}' - \nu_{右}|) \tag{4.2.4}$$

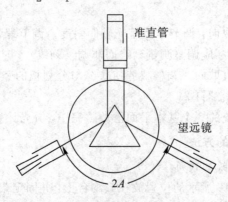

图 4.2.11

【实验仪器】

本实验用到的实验仪器有：JJY 型分光计、低压汞灯、平面镜。

【实验内容】

1. 分光计的调节

按分光计的调整原理和方法将分光计调整至测量准备状态。

2. 测量三棱镜的顶角

（1）调节三棱镜两个折射面与分光计转轴平行。

虽然分光计已调整至测量准备状态，但由于三棱镜在制造过程中存在一定的误差，因此在载物台上，并不能保证三棱镜主截面与分光计转轴完全垂直，因此还需做一定的调整。

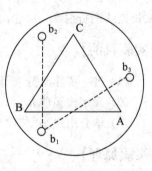

将三棱镜按图 4.2.12 的位置放在载物台上，折射面 AB 垂直于载物台调整螺钉 b_1、b_2 的连线，折射面 AC 垂直于螺钉 b_1、b_3 的连线。望远镜对准折射面 AB，调节 b_1 或 b_2，使绿十字发出的光由 AB 面返回后在分划板上成像清晰，且与调整刻线重合。转动载物台，使折射面 AC 对准望远镜，调节 b_3，采用逐次逼近法，直到由 AC 面和 AB 面反射回望远镜的绿十字像与调整刻线重合为止。这时棱镜折射面 AB 和 AC 均与仪器转轴平行。

图 4.2.12

（2）按原理所述用自准直法测量三棱镜顶角 A。

（3）按原理所述用反射法测量三棱镜顶角 A。

【思考题】

（1）用分光计进行观测时，为什么要求读数面、观察面和待测光路面互相平行？

（2）读数面、观察面和待测光路面是怎样形成的？

（3）调节望远镜光轴与仪器转轴垂直时，若观察到平面镜反射的绿十字像在上方距调整刻线交点为 a，平面反射镜绕仪器转 180° 后（即另一反射面对准望远镜），像仍在上方且距调整刻线交点的距离为 a。平面镜与仪器转轴，望远镜光轴与仪器转轴有什么关系？造成反射像与调整刻线不重合的原因是什么？如何调节？

实验 4.3　用最小偏向角法测定棱镜折射率

对于不同波长的光，棱镜具有不同的折射率。在物理学中，将介质的折射率随光波波长的变化而变化的现象称为色散。棱镜具有较强的色散作用，可用于将复色光分为单色光，所以棱镜是一种重要的分光元件。例如，摄谱仪、单色仪、各种分光光度计常采用棱镜作为分光元件。了解光学介质的折射率与光波波长的关系，可进一步理解上述光学仪器的结构和原理，为今后的学习打下基础。本实验用最小偏向角法测定棱镜对低压汞灯的各波长谱线的折射率，以加深对棱镜色散现象的理解。

【实验目的】

(1) 进一步熟悉分光计调节的方法。

(2) 观察棱镜的光谱。

(3) 学会用最小"偏向角法测定"棱镜折射率。

【实验原理】

如图 4.3.1 所示，光线 DE 以入射角 i_1 从棱镜 AB 面入射，经棱镜两次折射后，以出射角 i_4 从棱镜 AC 面沿 FG 射出。经棱镜两次折射，光线传播方向总的变化可用入射光线 DE 和出射光线 FG 的延长线的夹角 δ 来表示，δ 称为偏向角。偏向角 δ 随波长而变化，对于一定波长的光，偏向角 δ 又随入射角 i_1 改变。可以证明：当 $i_1 = i_4$ 或 $i_2 = i_3$ 时，偏向角有最小值，称之为最小偏向角，用 $\delta_{\min}$ 表示。从图 4.3.1 可得

$$i_2 = \frac{A}{2}$$

$$i_1 = \frac{A + \delta_{\min}}{2}$$

设棱镜的折射率为 n，根据光的折射原理有

$$\sin i_1 = n \sin i_2$$

将已求出的 i_1、i_2 代入上式，可得

$$n = \frac{\sin \dfrac{A + \delta_{\min}}{2}}{\sin \dfrac{A}{2}} \qquad (4.3.1)$$

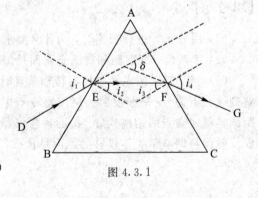

图 4.3.1

因此只要测出棱镜的顶角 A 和最小偏向角 $\delta_{\min}$，由式 (4.3.1) 可求出折射率 n。这种通过测最小偏向角和顶角求得折射率的方法称为最小偏向角法，该方法是测量折射率的基本方法之一。

【实验仪器】

本实验用到的实验仪器有：分光计、汞灯、三棱镜。

【实验内容】

1. 调节分光计

按实验 4.2 的相关内容将分光计调节至测量准备状态。

2. 测量顶角 *A*

按实验 4.2 的相关内容选择一种测顶角 *A* 的方法并测量出顶角 *A* 的角度。

3. 测定最小偏向角

（1）镜的放置。本实验所用棱镜为等边三棱镜，制作时需将棱镜两面抛光，一面不抛光，该面称为底面。底面所对的角为顶角 A。测最小偏向角时棱镜放置位置如图 4.3.2 所示。

（2）光谱的观察。用汞灯照亮狭缝，根据棱镜的位置，将望远镜转到如图 4.3.2 所示的方位 T_1。然后转动望远镜或载物台（载物台应与游标盘联动），找到光谱并观察。

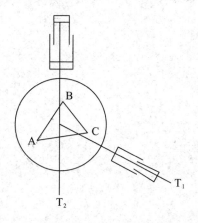

图 4.3.2

（3）观察棱镜折射的最小偏向现象。在低压汞灯的 4 条主要谱线中选择一条首先要测量的谱线，假定先测绿谱线，稍微转动游标盘（与载物台联动），改变入射角 i_1，观察绿谱线向偏向角移动的方向增大还是减小，选择绿谱线向偏向角减小的方向移动，慢慢转动游标盘，同时应转动望远镜跟踪绿谱线。直到棱镜继续沿着同方向转动时，该谱线不再向前移动，却向相反的方向移动（即偏向角反而增大）为止。绿谱线反向移动的转折位置就是棱镜对于绿谱线的最小偏向角的位置。

（4）测量最小偏向角。

① 移动望远镜，将分划板的竖直测量刻线对准绿谱线，锁紧望远镜止动螺钉 17，固定望远镜。稍微转动游标盘，使棱镜做微小转动，准确找出绿谱线反向移动的确切位置。旋紧螺钉 25，固定游标盘，微调望远镜，使测量刻线对准绿谱线，旋紧螺钉 16，记录左、右游标的读数 $\nu_左$、$\nu_右$（出射光的位置）。

② 保持游标盘固定不动，移去三棱镜，转动望远镜对准入射光，如图 4.3.2 所示的方位 T_2，将分划板竖直测量刻线对准狭缝的像，记录左、右游标的读数 $\nu_左'$、$\nu_右'$（入射光的位置）。

③ 计算最小偏向角 δ_{min}，即

$$\delta_{\min} = \frac{1}{2}\left[(\nu'_{左} - \nu_{左}) + (\nu'_{右} - \nu_{右})\right]$$

（5）将测得的顶角 A 及最小偏向角 $\delta_{\min}$ 代入式（4.3.1），计算棱镜对于绿谱线的折射率。

*（6）用同样的方法测定低压汞灯的其他 3 条谱线的最小偏向角并计算折射率。

注意：为了避免望远镜在移动过程中的回程差，在测定一个角的两个方位时，望远镜的移动应选择同一个方向，在微调望远镜时更要注意。

【思考题】

（1）何谓最小偏向角？实验中如何确定最小偏向角？

（2）光线经过棱镜折射获得最小偏向角的条件是什么？

（3）若实验测得角 $A = 60°\pm1'$，最小偏向角 $\delta_{\min} = 53°30'\pm2'$，那么该实验中棱镜对这种光线的折射率 n 及 Δn 各为多少？

实验 4.4　光 栅 衍 射

　　衍射(Diffraction)是光的波动性的体现。早在 17 世纪，科学家就观察到光通过羽毛的衍射条纹，但当时牛顿提出的"光的粒子说"占主流地位。直到 19 世纪初，杨氏双缝实验才使人们真正认识到光传播的波动性。其后菲涅尔利用光的波动性计算出在球后面阴影区域的中心将会有亮斑(泊松光斑)，后经试验证实了菲涅尔的结论，这些发现最终使人们普遍接受了"光的波动说"。

　　光的衍射现象和光的干涉现象一样，都是光的波动性质的体现。利用光的衍射和干涉原理制作的光栅和棱镜相同，是重要的分光元件，同样可以把入射光中不同波长的光分开；与棱镜不同之处在于，光栅可以通过改变单位长度中光栅的条纹数，方便地改变其色散率。利用光栅分光制成的单色仪和光谱仪已被广泛应用。本实验的内容主要包括用分光计观察汞灯的光栅光谱，测定光栅常量和光波波长。通过本实验的学习，可加深对光的衍射现象的认识，并进一步熟悉分光计的调节与使用方法。

【实验目的】

　　(1) 观察光栅衍射现象。
　　(2) 用透射光栅测定光栅常量和光波波长。

【实验原理】

　　衍射光栅包括透射光栅和反射光栅，本次实验采用平面透射光栅，相当于一组数目极多，排列紧密均匀的平行狭缝。

　　根据夫琅和费衍射理论，当一束平行光垂直地投射到光栅平面上时，光通过每条狭缝都发生衍射，所有衍射光又彼此发生干涉，如图 4.4.1 所示。图中，G 为光栅；d 是光栅相邻两狭缝上对应点之间的距离，称为光栅常量。L_1、L_2 为会聚透镜，其中 L_1 将点(或线)光源形成平行光源；L_2 将经光栅出射的衍射光会聚至观察屏上。由于本实验用分光计进行观察和测量，因此 L_2 为望远镜的物镜，而观察屏即为望远镜的分划板。

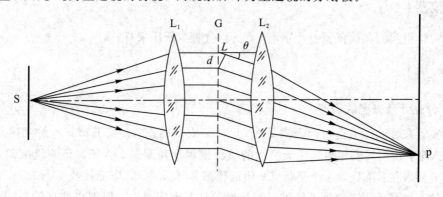

图 4.4.1

由图 4.4.1 可知，相邻狭缝对应点发出的沿 θ 角方向的衍射光的光程差为

$$L=d\sin\theta \tag{4.4.1}$$

当衍射角符合条件：

$$d\sin\theta=k\lambda \quad (k=0,\pm1,\pm2,\cdots) \tag{4.4.2}$$

时，在该衍射角方向上的光会加强，其他方向的衍射光或者完全抵消，或者强度很弱，几乎成暗背景。式(4.4.2)称为光栅方程，式中：θ 是衍射角；λ 是光波波长；k 是衍射级数。

当入射光不垂直于光栅表面时，光栅方程式应写成

$$d(\sin\theta-\sin i)=k\lambda \quad (k=0,\pm1,\pm2,\cdots) \tag{4.4.3}$$

式中：i 为入射光与光栅法线的夹角。所以在利用式(4.4.2)时，一定要保证平行光垂直入射，否则必须测量入射光与光栅法线的夹角 i，并利用式(4.4.3)进行计算。

如果用会聚透镜将这些衍射后的平行光会聚起来，则在透镜后的焦平面上将出现一系列的亮点，焦平面上各级亮点会在垂直光栅刻线的方向上展开。用准直管的狭缝作入射光，则在透镜后的焦平面上将出现一系列的亮线，称为谱线。一条谱线实际上就是狭缝的一个像。在 $\theta=0$ 的方向上，可以观察到中央极强，称为零级谱线。其他级数的谱线对称地分布在零级谱线的两侧。

如果光源中包含几种不同波长的光，对这些不同波长的光，同一级谱线将有不同的衍射角 θ。因此在透镜的焦平面上将出现按波长次序及谱线级次，自零级开始，左右两侧由短波向长波排列的各种颜色的谱线，这些光谱线的总和称为光谱。如图 4.4.2 所示为低压汞灯的光谱示意图。

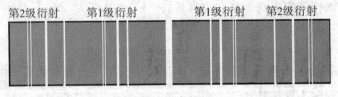

图 4.4.2

用分光计测出各条谱线的衍射角，若已知光波波长，由式 4.4.2 可以算出光栅常量 d。若已知光栅常量 d，可由式 4.4.2 算出待测光波波长 λ。

【实验仪器】

本实验用到的实验仪器有：分光计、透射光栅、低压汞灯。

【实验内容】

1. 分光计及光栅的调节

本实验在分光计上进行。为满足式(4.4.2)成立的条件，实验时，入射光应是平行光且垂直入射，衍射后要用聚焦于无穷远的望远镜观察和测量。为了保证测量准确，对分光计的调节要求是：准直管产生平行光；望远镜聚焦于无穷远(即能接收平行光)；准直管和望远镜的光轴都垂直于仪器的转轴。对光栅的调节要求是：光栅面与准直管光轴垂直，光

栅的刻痕与仪器转轴平行。

1）分光计的调节

按实验 4.2 的相关内容调节好分光计。

2）光栅的调节

(1) 调节光栅面与准直管垂直。

在完成分光计调节的基础上，首先用光源照亮准直管狭缝，用望远镜观察狭缝的像，将望远镜中分划板上的竖直测量刻线对准狭缝的像，对准后固定望远镜，移开准直管的光源。按图 4.4.3 所示，将光栅置于载物台上（注意：在放置光栅时，将两游标盘调在左右两侧便于读数的位置），点亮目镜照明小灯，左右转动载物台，在望远镜的视场中找到反射的绿十字像，调节 b_2 或 b_3，使绿十字像和目镜中的调整刻线重合。至此光栅面已垂直于入射光。锁紧分光计游标盘止动螺钉 25（如实验 4.2 图 4.2.1)，固定载物台，并注意在后续的测量过程中不要再碰动光栅。

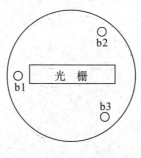

图 4.4.3

(2) 调节光栅刻痕与仪器转轴平行。

用汞灯照亮准直管的狭缝，放松望远镜止动螺钉 17，转动望远镜观察光谱，可看到在零级谱线两侧，对称分布着各级谱线。如果各级谱线不等高，说明光栅刻线与分光计转轴不平行，或者说光栅的衍射面与观察面不一致。调节 b_1，使各级谱线等高，则光栅刻线与分光计转轴平行。

2. 用分光计测量低压汞灯各波长±1 级谱线的位置

1）数据记录表格

在测量前根据需要记录的数据设计一个记录表格。

2）测量

(1) 测量前要先将分光计游标盘止动螺钉 25（如实验 4.2 图 4.2.1)锁紧，使游标盘固定。

(2) 锁紧分光计转座与度盘止动螺钉 16，使望远镜和刻度盘连动。

(3) 测量时，当测量刻线大致对准待测谱线时，锁紧望远镜止动螺钉 17，止动望远镜，然后调整望远镜微调螺钉 15，使测量刻线准确对准待测谱线，分别记录下分光计左右两游标的读数。

(4) 重复测量 3 次。

3. 实验数据的处理及计算

(1) 分别求出紫、绿、黄 1、黄 2 四个波长一级谱线的衍射角 θ。

(2) 以绿谱线的波长 546.07 nm 作为已知量，求光栅常量 d。

（3）将测出的光栅常量 d 作为已知，求汞灯其余 3 条谱线（紫、黄 1、黄 2）的波长。

（4）若绿谱线波长的不确定度为 $\Delta\lambda = 0.05$ nm，分光计角度测量的不确定度为 $\Delta\theta = 2'$，试根据实验数据计算光栅常量 d 的不确定度 Δd。

（5）观察并测量汞光谱四个波长二级谱线的衍射角 θ，并计算其波长及不确定度。

【思考题】

（1）试比较棱镜光谱和光栅光谱的主要区别。

（2）为什么需要将光栅面与准直管调节垂直？为何光栅刻痕与仪器转轴需调节平行？

（3）本实验能观察到汞光谱的三级谱线吗？为什么？

实验 4.5　用牛顿环测平凸透镜的曲率半径

　　牛顿环，一种产生同心圆环的等厚干涉装置，由牛顿首先发明。牛顿环仪在下部设有一块平面玻璃板，其上放置一块曲率半径 R 很大的平凸透镜。平面与球面之间可形成一个空气薄层(空气膜)，以接触点为中心的任一圆周上各点的空气层厚度相等。当用平行的单色光垂直照射空气膜时，在平面玻璃板和平凸透镜曲面上两反射光相互干涉，可形成以中心点为中心的同心圆环的等厚干涉条纹。利用光的等厚干涉现象，不仅可以测定平凸透镜的曲率半径，还可以检验物体表面的平面度、球面度，精确测定长度、角度，测定微小形变等。

【实验目的】

　　(1) 了解分振幅法产生等厚干涉现象的方法，加深对等厚干涉特点的理解。

　　(2) 学会用牛顿环测定透镜曲率半径的方法。

【实验原理】

　　如图 4.5.1 所示，波长为 λ 的单色光垂直照射曲率半径为 R 的平凸透镜所形成的空气膜上，当入射光经上下表面反射形成两相干光，根据光路分析，其等厚 h 处，光程差为

$$\Delta = 2h\cos i_2 + \frac{\lambda}{2}$$

式中：i_2 为折射角，空气的折射率 $n \gg 1$。当光垂直照射时，入射角 $i_1 = 0$，折射角 $i_2 = 0$。所以

$$\Delta = 2h + \frac{\lambda}{2} \tag{4.5.1}$$

当 h 处的光程差满足：

$$2h + \frac{\lambda}{2} = (2k+1)\frac{\lambda}{2} \tag{4.5.2}$$

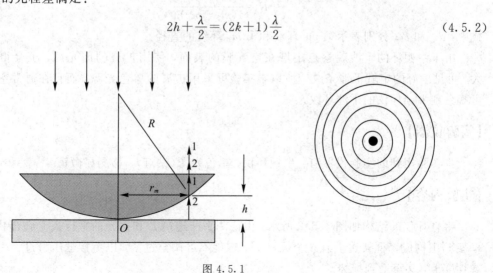

图 4.5.1

光在入射过程中发生了相干相消，产生暗条纹，k 为干涉级数，若 h 处的光程差满足：

$$2h+\frac{\lambda}{2}=k\lambda \tag{4.5.3}$$

则光会相干相长，产生亮条纹；

由图 4.5.1 可知，

$$R^2=r_m^2+(R-h)^2=r_m^2+R^2-2Rh+h^2$$

因 $R\gg h$，故略去 h^2，可得

$$r_m^2=2Rh \tag{4.5.4}$$

设 r_m 是第 m 环纹的半径，则对应空气膜厚度 $h=\dfrac{r_m^2}{2R}$，将此值代入式(4.5.2)得

$$\frac{r_m^2}{R}=k\lambda, \quad r_m^2=Rk\lambda, \quad R=\frac{r_m^2}{k\lambda} \tag{4.5.5}$$

该公式表示：由于 $r_m=\sqrt{Rk\lambda}$，r_m 与 k 和 R 的平方根成正比，故环纹由内向外越来越密，且越来越细。

若已知波长 λ，干涉级数 k，并测出第 k 干涉级数暗环纹半径 r_m，就可计算出曲率半径 R。但观察牛顿环时会发现，牛顿环中心并不是暗点，而是一个暗斑。其原因是透镜和平玻璃接触时，由于接触压力引起弹性形变，实际接触处为一个小面圆。因此干涉级数与环纹序数 m 不一致，仅相差一个常数。

例如，若干涉级数为 k_1，环纹序数为 m_1，则 $k_1=m_1+j$ 即 $r_{m_1}^2=R(m_1+j)\lambda$；同样，若干涉级数为 k_2，环纹序数为 m_2，则 $k_2=m_2+j$ 即 $r_{m_2}^2=R(m_2+j)\lambda$，

所以

$$r_{m_2}^2-r_{m_1}^2=(m_2-m_1)R\lambda$$

$$R=\frac{r_{m_2}^2-r_{m_1}^2}{(m_2-m_1)\lambda} \tag{4.5.6}$$

将式(4.5.6)分子、分母同乘以 4，得

$$R=\frac{d_{m_2}^2-d_{m_1}^2}{4(m_2-m_1)\lambda} \tag{4.5.7}$$

式中：d_{m_2} 和 d_{m_1} 分别表示第 m_2 环纹和第 m_1 环纹的直径。

由于牛顿环的干涉观察点定域在空气膜的表面，使用扩展的面光源，也会得到亮度大、可见度好的定域干涉条纹。所以本实验可采用扩展的单色光源，而且在通常室光下也可观察到牛顿环仪的干涉环纹。

【实验仪器】

本实验用到的实验仪器有：牛顿环仪、单色光源(钠灯)、移测显微镜。

【实验内容】

牛顿环仪的结构如图 4.5.2 所示，由待测平凸透镜 L 和磨光的平行板 P 叠合装在金属框架 F 中构成。框架边上有 3 个螺钉 H，螺旋不可调至过紧，以免接触压力过大引起透镜弹性变形，甚至遭到损坏。

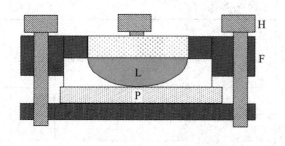

图 4.5.2

1. 调节仪器

调节牛顿环仪上的 3 个螺钉,借助室内灯光,用眼睛直接观察,使干涉条纹呈圆环形,并位于透镜的中心,但要注意勿使螺钉调至过紧。

2. 观察干涉环纹

将仪器按图 4.5.3 所示位置组装完毕,直接使用单色扩展光源钠灯照明。由光源 S 发出的光照射到与水平倾角为 45°的玻璃板 G 上,使一部分光由 G 反射进入牛顿环仪。调节移测显微镜 M 的目镜,使目镜中看到的叉丝最为清晰。实验装置中的玻璃板 G 固定在移测显微镜的下端。调节 G 的高低,即缓慢上下移动显微镜镜筒,首先应观察到黄色明亮的视场,并在此基础上,继续缓慢调节镜筒高低,对干涉条纹进行调焦,使看到的环纹尽可能清晰。观察视场中整体干涉环纹情况,以选择干涉环纹的测量范围。

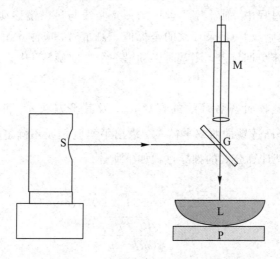

图 4.5.3

3. 用显微镜测量干涉环纹的直径

在上述步骤的基础上,首先确定测量干涉环纹的范围。为了减小测量误差,确定 $(m_2 - m_1)$ 的取值不能过小,以便测定出若干个 R 值取平均,并求出其不确定度。若中心附近的环纹比较模糊,可从清晰的环纹算起。假设第三环已满足测量要求,若约定 $m_2 - m_1 = 10$,则测量的范围为第 3 环到第 22 环。

测量前应设计好数据记录表,格式可参考表 4.5.1。

表 4.5.1

环序号 环直径	22	21	20	19	18	17	16	15	14	13
左 x/mm										
右 x'/mm										
d_{m2}/mm										
d_{m2}^2/mm										

环序号 环直径	12	11	10	9	8	7	6	5	4	3
左 x/mm										
右 x'/mm										
d_{m1}/mm										
d_{m1}^2/mm										
$d_{m2}^2-d_{m1}^2$/mm										
R_i/mm										

测量干涉环纹直径时,应从一侧已定的最外环纹,顺着一定的方向逐次地测量到另一侧的最外环纹。测量过程中,使十字叉丝中的一条竖线与显微镜移动的方向垂直,并与被测的环纹相切(一般是暗纹),记录环纹的坐标值。测量时,应注意清楚统计干涉环纹左右两边的环纹数。为了避免回旋差,测量时必须沿一个方向旋转,中途不可倒退。

4. 数据处理

参照上述记录表逐次计算各环纹的直径 d_m,及其平方项 d_m^2 和 $(d_{m2}^2-d_{m1}^2)$。根据式 (4.5.7)分别计算出平凸透镜的曲率半径 R_i,求出平均值 $\overline{R}$ 及不确定度 ΔR,写出最后结果 $R=\overline{R}\pm\Delta R$。数据处理计算公式的推导过程如下所述。

钠光波长:

$$\lambda=\overline{\lambda}\pm\Delta\lambda=(589.3\pm0.3)\text{nm}$$

$$\overline{R}=\frac{\overline{d_{m_2}^2-d_{m_1}^2}}{4(m_2-m_1)\overline{\lambda}}$$

令

$$d_{m_2}^2-d_{m_1}^2=x_1,\ \lambda=x_2$$

则

$$\frac{\Delta R}{R}=\frac{\Delta x_1}{x_1}+\frac{\Delta x_2}{x_2}$$

式中:R,x_1,x_2 以平均值代入,$\Delta R=\left(\dfrac{\Delta x_1}{x_1}+\dfrac{\Delta x_2}{x_2}\right)\overline{R}$。

其中

$$\frac{\Delta x_1}{\overline{x_1}} = \frac{\Delta(d_{m_2}^2 - d_{m_1}^2)}{d_{m_2}^2 - d_{m_1}^2}$$

式中：d_{m_2} 和 d_{m_1} 均为直接测量值。

环纹直径测量误差引起的不确定度包括：

（1）测量时，目镜叉丝与环纹的对准程度的误差引起的不确定度，属于 A 类不确定度，服从正态分布，取标准偏差为

$$\Delta x_{1A} = \sigma_{x1} = \sqrt{\frac{\sum (x_i - \overline{x_1})^2}{n-1}} \quad (n = m_2 - m_1 = 10)$$

$$\Delta x_{1A} = \sqrt{\frac{[(d_{22}^2 - d_{12}^2) - \overline{x_1}]^2 + [(d_{21}^2 - d_{11}^2) - \overline{x_1}]^2 + \cdots}{10-1}}$$

（2）仪表精确度误差引起的不确定度，测量的最小刻度为 0.01 mm。刻度为均匀分布，满足

$$\Delta d = \frac{0.02}{\sqrt{3}} \quad (\text{mm})$$

$$\Delta x_{1B} = 2\Delta d_{m2} + 2\Delta d_{m1} = \frac{2 \times 0.02}{\sqrt{3}}(d_{m2} + d_{m1}) \quad (\text{mm})$$

$$\frac{\Delta x_{1B}}{d_{m_2}^2 - d_{m_1}^2} = \frac{0.04}{\sqrt{3}(d_{m2} - d_{m1})}$$

$$\Delta R = \left[\frac{\Delta(d_{m_2}^2 - d_{m_1}^2)}{d_{m_2}^2 - d_{m_1}^2} + \frac{\Delta \lambda}{\lambda}\right]\overline{R} = \left[\frac{\sigma_x}{d_{m2}^2 - d_{m1}^2} + \frac{0.04}{\sqrt{3}(d_{m2} - d_{m1})} + \frac{\Delta \lambda}{\lambda}\right]\overline{R} \quad (\text{mm})$$

【思考题】

（1）从实验装置下透射出的光能否形成牛顿环？它与反射光相干形成的条纹有什么区别？

（2）如果被测的透镜是平凹透镜，能否用本实验方法测定凹面的曲率半径？试说明理由并推导相应的计算公式。

（3）将两块平玻璃板叠在一起，在一端插入一张薄纸片，则在两玻璃板间会形成空气劈。用该空气劈代替牛顿环仪进行实验，将会观察到什么形状的条纹？

实验 4.6 单 缝 衍 射

光绕过障碍物偏离直线传播进入几何阴影，并在屏幕上出现光强不均匀分布的现象叫做光的衍射，光的衍射理论证实了光的波动性。目前，衍射理论已经发展得较为完善，随着科学技术的进步，特别是激光的问世，衍射理论已经广泛地应用在如激光测径、物质微细结构分析等科学研究的许多方面。因此，当代科学工作者应切实掌握好衍射的基本理论。CCD 单缝衍射仪是以 CCD 光强分布测量仪为核心，搭配激光器、减光器、组合光栅、显示器等设备组成的新一代光学设备。该设备可以用于研究单缝衍射、双缝衍射、双缝干涉、多缝干涉等，可以直观地在屏幕上显示二维的光强分布曲线，方便地测出相对光强、衍射角和条纹宽度，进而可以精密测量出狭缝宽度、单丝直径、光源波长等微小量，为微量的测量提供了新的手段。本实验通过使用 LM99 单缝衍射仪，以使实验者了解夫琅和费衍射的基本规律，掌握测量单缝衍射的基本参量的方法。

【实验目的】

(1) 观察单缝的夫琅和费衍射现象，了解其特征和规律。
(2) 了解检流计型 LM99 单缝衍射仪的使用方法。
(3) 掌握测量相对光强、衍射角、缝宽的方法。

【实验原理】

根据光源和考察点到障碍物距离的不同情况，可把衍射现象分为两大类：菲涅尔衍射（近场衍射）和夫琅和费衍射（远场衍射）。夫琅和费衍射研究基础是光源和观察屏到狭缝的距离无限远，又称平行光衍射。夫琅和费衍射原理如图 4.6.1 所示，根据惠更斯-菲涅尔原理，狭缝上每一点都可以看成是发射次波的新波源，后续的波阵面都是这些新的次波相干叠加的结果。由衍射的条件可知，这些次波经透镜 L_2 后，在其后焦面上叠加，形成平行于狭缝的明暗相间的衍射条纹，中央的条纹既宽又亮。设中央条纹的光强为 I_0，经计算后，与中央成 θ 角处的光强 I_θ 为

$$I_\theta = I_0 \frac{\sin^2 u}{u^2}, \quad u = \frac{\pi a \sin\theta}{\lambda} \tag{4.6.1}$$

式中：a 为狭缝宽度；λ 为入射光波长；θ 为衍射角。

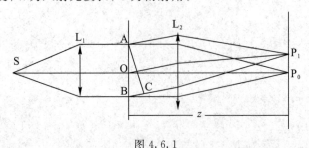

图 4.6.1

由式(4.6.1)可知：

(1) 当 $\theta=0$ 时，$u=0$，这时光强最大，称为中央主最大。中央主最大的强度决定于光源的亮度，还和缝宽 a 的平方成正比。

(2) 当 $\sin\theta=k\lambda/a(k=\pm1,\pm2,\pm3,\cdots)$ 时，$u=k\pi$，则有 $I_\theta=0$，即会出现暗纹。实际上 θ 往往是很小的，因此可以近似地认为暗纹在 $\theta=k\lambda/a$ 处。由此可见，中央主最大两侧暗纹之间 $\Delta\theta=2\lambda/a$，而其他相邻暗纹之间 $\Delta\theta=\lambda/a$。

(3) 除了中央主最大以外，两相邻暗纹之间都有一个次最大。式(4.6.1)对 u 求导得

$$\frac{\mathrm{d}}{\mathrm{d}u}\left(\frac{\sin^2 u}{u^2}\right)=\frac{2\sin u(u\cos u-\sin u)}{u^3}=0$$

即

$$u\cos u-\sin u=0,\ u=\tan u$$

求此超越方程可得次最大出现的位置，在表 4.6.1 中列出 $k=\pm1$、±2、±3 时次最大的位置及相对光强 I_θ/I_0。

表 4.6.1

级数 K	次最大时的 θ	相对光强 $\dfrac{I_\theta}{I_0}$
±1	$\pm1.43\dfrac{\lambda}{a}$	0.047
±2	$\pm2.46\dfrac{\lambda}{a}$	0.017
±3	$\pm3.47\dfrac{\lambda}{a}$	0.008

相对光强 I_θ/I_0 随 $\sin\theta$ 的分布图如图 4.6.2 所示。

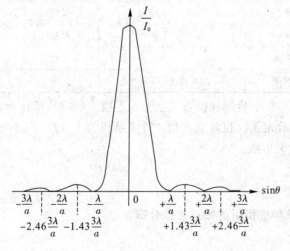

图 4.6.2

【实验仪器】

本实验用到的实验仪器有激光器、组合光栅、光电池移动组、数字检流计。

(1) 激光器。小功率的半导体激光器。半导体激光器夹置在一维(X-Y 方向)调节架上，其上下分别有两个调节旋钮，用于调节激光束的上下俯仰和左右偏转，激光器电源侧

面板上有一个旋钮用于调节光强。

(2) 组合光栅。由光栅片和二维调节架构成,如图 4.6.3。光栅片有 7 组图形,如图 4.6.4。其缝宽(丝径)的数据见表 4.6.2,表中 d 为缝中心的间距与缝宽的比值。

(3) 光电池移动组。其核心是光电二极管。光敏元件前有缝宽 $d=0.15$ mm 的狭缝,可以限制受光面积,便于准确确定光斑中心位置。此外光电池前有一个长约 38 mm 的遮光罩。光电池安装在一维移动架上,移动范围大约在 70 mm,移动精度为 0.1 mm。

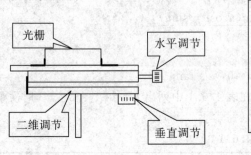

图 4.6.3   图 4.6.4

表 4.6.2

组数	上 部		下 部	
第 1 组	单缝	$a=0.12$ mm	单丝	0.12 mm
第 2 组	单缝	$a=0.10$ mm	单丝	0.10 mm
第 3 组	单缝	$a=0.07$ mm	双缝	$a=0.07$ mm, $d=2$
第 4 组	单缝	$a=0.07$ mm	双缝	$a=0.07$ mm, $d=3$
第 5 组	单缝	$a=0.07$ mm	双缝	$a=0.07$ mm, $d=4$
第 6 组	双缝	$a=0.02$ mm, $d=2$	三缝	$a=0.02$ mm, $d=2$
第 7 组	四缝	$a=0.02$ mm, $d=2$	五缝	$a=0.02$ mm, $d=2$

(4) 数字检流计。数字检流计应与光电池相连接。数字检流计前面板上有一个三位半的数显表头,可以显示光强的相对强度值,其满量程为 1999;另有一个"增益"调节旋钮,可以调节光电流的放大倍数。

【实验内容】

1. 测量单缝夫琅和费衍射的相对光强分布

1) 连接并开启仪器

将光电池与数字检流计连接起来,开启检流计预热 30 min 左右,安装光电池的底座须放置平稳,要求在测量过程中不允许有任何晃动。

2) 光路调整

尽可能将激光器、组合光栅,光电池调整为等高共轴。使激光束通过光栅片的各图形(通过光栅架上的移动手轮来选择某一组图形)后能射入光电池组前端的采光窗口,从而透过狭缝射到光电二极管上。

3) 预调

开始调节时，可先在光电池组的采光窗口放置一张白纸，让衍射光斑射在白纸上，光斑应成水平分布，左右对称。然后移走白纸，让光斑射入光电池组前端的采光窗口，从而射到狭缝上。移动一维调节架将 0 级衍射光斑照射在光电池组的狭缝上，左右调节一维移动架，仔细辨认光电流显示的最大值，最大值位置即为 0 级衍射光斑中心（中央主极大），调节数字检流计的增益旋钮，使光电流显示不溢出，但显示值尽量大些为佳。记录此时的光电流值 I_0 及移动尺的读数 X_0，填入表 4.6.3。

表 4.6.3

	相对位置 $\Delta X/\text{mm}$			光强 I		
	左	右	平均值	左	右	平均值
中央明纹						
一级暗纹						
一级亮纹						
二级暗纹						
二级亮纹						
三级暗纹						

4) 测量数据

缓慢移动光电池，从中央主极大开始，每移动 0.5 mm，读取各点的 X 值（光电池一维移动架上的读数尺读数）、Y 值（数字检流计的光电流读数），填入表 4.6.3 中，一直测量到第 3 个暗点处。测量过程中，须仔细辨认出各级衍射光斑光强的极大值和极小值。测量出单缝至光敏元件的距离 Z。注意：光电二极管的光敏面在光电池组固定马鞍座中心前 7 mm 处。即 $Z=Z'-7$ mm，其中 Z' 为单缝固定马鞍座中心至光电池组固定马鞍座中心距离。使用中有以下几点需要注意。

（1）光电二极管具有很高的光电灵敏度，在一般室内光照条件下即可感应出一定的环境光强；在没有暗室的情况下，可以在光电池组和组合光栅架之间架设一个遮光筒（例如两端开口的封闭纸盒）。

（2）如果采集某光斑后数字检流计数显表头显示值为"1"，这是光电器件已饱和所致。解决的方法有两种：一是信号光过强（注意：不是环境光太强），可以减小激光器的功率；二是数字检流计上的增益调节过大，应使之减小。

（3）实验过程中应先仔细调节一维移动架，找出 0 级衍射光斑的中心位置，此时在数字显示表头上的显示数值最大，且不能溢出，实验过程中不得改变增益值。

（4）一般的衍射花样是一种对称图形。但有时采集到的光斑（±1、±2 级）左右不对称（相对 0 级光的位置及相对光强），这主要是各光学元件的几何关系没有调好引起的。实验时，应调节单缝的平面与激光束垂直，检查方法是：观察从缝上反射回来的衍射光，应在激光器出射孔附近；还应调节组合光栅架上的俯仰或水平调节手轮，使缝与光电池组采光窗的水平方向垂直。

（5）如果相对光强显示的数值有小范围的波动或突跳，是由于激光器输出功率不稳定造成的，常发生在用 He-Ne 激光器时（He-Ne 激光器的稳定时间较长，一般开机后半小时即可稳定），如采用半导体激光器则相对稳定或只有轻微的跳动。

5）计算和比较

计算出所用单缝宽度 a 和光源波长 λ，与理论值比较，作出分析。

分析表 4.6.3 的记录数据，找出中央主极大左右两边的一、二级亮暗条纹的相对位置及光强，第三级暗纹的相对位置及光强。

2. 测量单丝的直径

将中央主最大条纹移至光强仪的采光窗外，让光电池的狭缝对准最高级次的暗纹，读出每一个暗纹的 X 值，填入表 4.6.4 中，计算出相邻暗纹间距的平均值 Δx，代入衍射公式 $a=\dfrac{\lambda}{\sin\theta}\approx\dfrac{\lambda Z}{\Delta x}$ 中，求得单丝直径为

$$\Phi=\frac{\lambda}{\sin\theta}\approx\frac{\lambda}{\Delta X}Z$$

表 4.6.4

	位置 X/mm	相对位置 ΔX/mm
第 1 条暗纹		
第 2 条暗纹		
第 3 条暗纹		
第 4 条暗纹		
第 5 条暗纹		
第 6 条暗纹		
平均值		

【思考题】

实验测定的单缝衍射光强分布与理论结果有何差异？试分析其主要原因。

实验 4.7 光 的 偏 振

    光的干涉和衍射现象表明了光的波动性，但这些现象无法辨别光是纵波还是横波，而光的偏振现象则可清楚地显示光是一种横波，进一步说明光的电磁理论。光的偏振态大致可以分为自然光、线偏振光、部分偏振光、圆偏振光、和椭圆偏振光 5 种形式。

    偏振光路可用于定性研究材料的双折射性质和旋光性质，也可用于光强性试验、量糖计等。光的偏振还广泛应用在日常生产和生活的各个方面。

【实验目的】

    (1) 观察光的偏振现象，加深对偏振概念的理解。

    (2) 掌握偏振光的产生和检验的基本原理和方法。

【实验原理】

    沿光传播方向垂直的平面上电矢量 E 振动的不对称性称为偏振。E 的振动称为光振动。下面列出三种常见的偏振形态。

    (1) 线偏振光：电矢量 E 的振动只限于某一个确定的平面内的光。在垂直光线传播的垂直平面上，平面偏振光的投影为一条直线，故又称线偏振光。

    (2) 圆偏振光：电矢量 E 的振动以传播方向为轴旋转，光矢矢端在垂直光线传播的垂直平面上的投影为圆。

    (3) 椭圆偏振光：电矢量 E 的振动以传播方向为轴旋转，光矢矢端在垂直光线传播的垂直平面上的投影为椭圆。

    通常，光源发出的光不能直接显示偏振现象。主要原因是普通光源由大量的自发辐射为主的原子组成，各发光原子在同一时间内发出的光各自具有不同的初相位和不同的振动面；而且每个原子在每次发光之后，在某一时刻又将以新的初相位和新的振动面重新发光。所以通常光源发出的许多列光波的振动面可以分布在一切可能的方位。从统计规律来看，光矢以相等的振幅均匀地分布在垂直于光传播方向的平面上，与偏振光对应，这种光为自然光。自然光可以看做是两个正交方向振动、没有固定相位差且等振幅的线偏振光的混合。

1. 二向色性晶体与线偏振光的产生

    将自然光两个正交的振动分开，吸收或反射掉不需要的部分，使一束光中只剩下在某个平面上的振动，即可产生线偏振光。实验室中最常用的偏振片就是利用二向色性晶体的选择吸收产生偏振光的。

    二向色性指有些晶体如电气石(碧硒)、人造偏振片(如碘化硫酸奎宁，常用聚乙烯醇薄膜加热，拉伸后贴于透明基片上，再浸入碘溶液中形成碘分子链)对两个相互垂直振动的电矢量(光矢)具有不同的吸收本领。如图 4.7.1 所示，当自然光通过二向色性晶体时，其中一个方向的振动几乎完全被吸收，而垂直方向上的振动几乎不被吸收，则透射出来的光即为线偏振光。

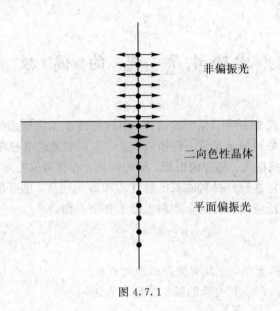

图 4.7.1

2. 波片与圆、椭圆偏振光的产生

1）波片

一束自然光射入某些透明晶体（如方解石、水晶等），若非沿着（或垂直）晶体的光轴方向入射，则光线在晶体中产生双折射现象。一条折射光线的电矢量垂直于入射面，该折射光线为光矢垂直于主截面的线偏振光，称为寻常光（o 光），它在晶体中的传播速度与传播方向无关；另一条光线的光矢平行于入射面，称为非常光（e 光），它在晶体中传播的速度与传播方向有关。从这些双折射晶体上平行于光轴切下的薄片称为波片。

当一束振幅为 A 的线偏振光垂直入射到波片上时，设波片的厚度为 d，若光的振动面与晶体光轴的夹角为 θ，则被波片分解为振动面相互垂直的两束光，即 o 光和 e 光，振幅分别为（如图 4.7.2 所示）

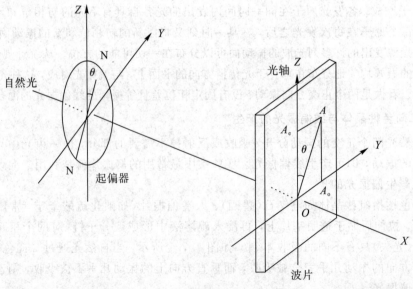

图 4.7.2

$$A_o = A\sin\theta \tag{4.7.1}$$

$$A_e = A\cos\theta \tag{4.7.2}$$

在波片的前表面两束光并无位相差，光矢振动可表述为

$$E_o = A_o\cos\omega t = A\sin\theta\cos\omega t \tag{4.7.3}$$

$$E_e = A_e\cos\omega t = A\cos\theta\cos\omega t \tag{4.7.4}$$

因为在波片中的传播速度不同，即折射率不同（o 光为 n_o，e 光为 n_e），因此在波片的后表面出射时会产生一定的光程差，其值为

$$\Delta = (n_o - n_e)d \tag{4.7.5}$$

相应的位相差为

$$\delta = \frac{2\pi}{\lambda}(n_o - n_e)d$$

式中：λ 为入射光在真空中的波长，则在后表面上两束光的光矢振动表述为

$$E_o' = A_o\cos(\omega t + \phi) = A\sin\theta\cos(\omega t + \phi) \tag{4.7.6}$$

$$E_e' = A_e\cos(\omega t + \phi + \delta) = A\cos\theta\cos(\omega t + \phi + \delta) \tag{4.7.7}$$

取光线传播方向为 X 轴正向，则与传播方向垂直的平面为 YOZ 平面。令

$$z = A_e\cos(\omega t + \delta) \tag{4.7.8}$$

$$y = A_o\cos\omega t \tag{4.7.9}$$

整理得

$$\frac{y^2}{A_o^2} + \frac{z^2}{A_e^2} - \frac{2zy}{A_oA_e}\cos\delta = \sin^2\delta \tag{4.7.10}$$

对式(4.7.10)中的 δ 取几种特殊情况，可得到不同类型不同作用的波片。

(1) 若晶片的厚度 d 使这两束光产生的位相差 $\delta = \pm2\pi k$，$(k=0,1,2,\cdots)$，光程差为 $\pm k\lambda$，称这种波片为全波片。

(2) 若晶片的厚度 d 使这两束光产生的位相差 $\delta = \pm2\pi k + \pi$，$(k=0,1,2,\cdots)$，光程差为 $\pm k\lambda + \lambda/2$，称这种波片为 1/2 波片。

(3) 若晶片的厚度 d 使这两束光产生的位相差 $\delta = \pm2\pi k + \pi/2$，$(k=0,1,2,\cdots)$，光程差为 $\pm(2k+1)\lambda/4$，称这种波片为 1/4 波片。

2) 圆、椭圆偏振光的产生

当线偏振光垂直入射到 1/4 波片时，且其振动方向与波片光轴成 θ 角，如图 4.7.3 所示，由于 o 光和 e 光的振幅是 θ 的函数，所以合振幅 A 因 θ 角不同而不同。

(1) 当 $\theta = 0$ 或 $\pi/2$ 时，为线偏振光。

(2) 当 $\theta = \pi/4$ 时，$A_o = A_e$，为圆偏振光。

(3) 当 θ 为其他角度时，为椭圆偏振光。

3) 偏振光的检验

由上述知识可知：利用偏振片、1/2 波片、1/4 波片，可以把自然光转换成不同的偏振形态的光，且这些光在光强表现形式上有一定的区别，则可反过来利用这些区别对偏振形态进行定性的鉴别。

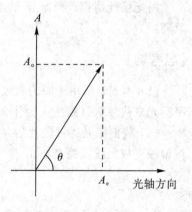

图 4.7.3

假设有 4 束单色光：自然光、圆偏振光、线偏振光、椭圆偏振光需要鉴别，其鉴别步骤如下：

（1）让这 4 种光逐个通过检偏器（即偏振片），转动检偏器，观察透射光强的变化情况。若产生消光现象，则是线偏振光；光强周期性变化，但无消光现象，则为椭圆偏振光；光强不变化的光，则为自然光和圆偏振光。

（2）让自然光和圆偏振光依次通过 1/4 波片和检偏器，转动检偏器，观察光强变化情况，光强无变化的是自然光，有变化并消光的是圆偏振光。

【实验仪器】

本实验用到的实验仪器有：氦氖激光器、偏振片（2 个）、1/2 波片（1 个）、1/4 波片（2 个）、光具座、光屏。

【实验内容】

1. 线偏振光的产生与检验

让自然光通过先起偏器，再通过检偏器，转动起偏器或检偏器，描述在检验时两偏振片透振方向的相互关系与光强之间的关系。

2. 观察线偏振光通过 1/2 波片后的偏振态

让自然光通过起偏器和检偏器，转动偏振片使其消光，然后在中间插入 1/2 波片，转动 1/2 波片，找出其相对光轴方向；把 1/2 波片转至消光后，再分别转 15°、30°、45°、60°、75°、90°，然后转动检偏器至消光，观察检偏器转过的度数，找出其规律；旋转 1/2 波片一周观察其消光的次数。

3. 圆、椭圆偏振光的产生与检验

让自然光通过起偏器和检偏器，转动偏振片至消光后，在中间插入 1/4 波片，转动 1/4 波片，找出其相对光轴方向；把 1/4 波片转至消光位置后，再分别转过 15°、30°、45°、60°、75°、90°，转动检偏器，找到光强变化的规律，列表记录，写出结论。

﹡4. 验证 1/4 波片的原理

用光强计对圆、椭圆偏振光的光强进行定量测量，画出偏振状态，验证 1/4 波片的原理。

【思考题】

（1）本实验所用光源为氦氖激光，对于同一套偏振片、1/2 波片和 1/4 波片能否用钠平行光来代替氦氖激光？为什么？

（2）线偏振光通过波片后，可以产生哪些类型的偏振光？在什么情况下，才能促使椭圆偏振光成为线偏振光？

第五章　创新型实验

实验 5.1　基频法测空气中的声速

在现实生活中有多种测量声速的方法。一种比较传统的方法是将共鸣管插入水中，利用音叉在管中产生单一频率的共鸣声，并通过逐步改变管中空气柱的长度来确定声波的波长，进而求得声速。在本实验中同样利用了声音的共鸣现象，不同的是，无需用音叉在专业的共鸣管中产生单一频率的声音，只要在普通的塑料吸管管口吹气使其发声，然后通过频谱分析软件找出声音的基频 f_0，再加上管的长度 l 与内直径 d 这两个量，即可算出声音在空气中的传播速度。

【实验目的】

（1）掌握频谱分析软件 Spectrogram 的使用方法。
（2）了解基频法的基本原理。

【实验原理】

共鸣管能够发出响亮的共鸣声是基于声波在管端的反射而形成驻波的原理。如图 5.1.1 所示的管一端封闭，另一端敞开，根据驻波形成的规律，开口端形成波腹，闭口端形成波节，如果管的长度满足

$$l = (2n-1)\frac{\lambda}{4} \qquad (n = 1,\ 2,\ 3,\ \cdots) \tag{5.1.1}$$

式中，λ 为声波的波长。

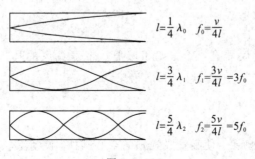

$$l = \frac{1}{4}\lambda_0 \quad f_0 = \frac{v}{4l}$$

$$l = \frac{3}{4}\lambda_1 \quad f_1 = \frac{3v}{4l} = 3f_0$$

$$l = \frac{5}{4}\lambda_2 \quad f_2 = \frac{5v}{4l} = 5f_0$$

图 5.1.1

声波能在管中产生稳定的驻波而发出较响的声音，形成的共振频率为

$$f=(2n-1)\frac{v}{4l} \qquad (n=1, 2, 3, \cdots) \tag{5.1.2}$$

式中，v 为声音在空气中的传播速度。$n=1$ 时的频率称为基频(本文用 f_0 表示)，对应的声音称为基音；其他的频率叫谐频，对应的声音称为泛音。一般的声音都是由基音与泛音组成的，称为复合音。根据式(5.1.2)，如果在管中发出复合声时，能够找出声音的基频，并测量出管的长度，那么

$$v=4f_0 l \tag{5.1.3}$$

以上是简化了的分析，实际上，驻波在开口处的波腹位于管口以外的一个位置。因此乐器制作上有一个通常称为"管口校正"的说法，实际上是管长的校正。也就是说，空心管的有效长度比实际长度大。比利时音乐学家马容(V. Ch. Mahillon)认为一端开口管的管口校正量约等于管的内半径，因此，声速的计算公式应改写为

$$v=4f_0(l+0.5d) \tag{5.1.4}$$

至于基频的测量，前面已经提及，可以借助于频谱分析软件。图 5.1.2 是用 Spectrogram 软件采集的由珍珠奶茶吸管发出的声音的频谱图。图中，横轴显示的是频率，纵轴显示的是声强。由图可以看出，对应特定的频率，声音有较大的强度。而这些特定频率的比值刚好满足 1∶3∶5∶7⋯的关系，完全符合式(5.1.2)所描述的规律，因此，图中第一个波峰所对应的频率即为基频。

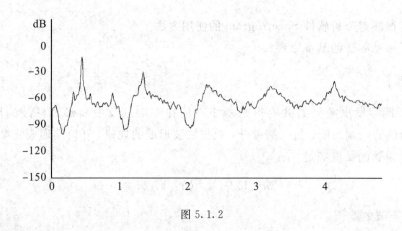

图 5.1.2

【实验仪器】

本实验用到的实验仪器有：珍珠奶茶吸管、带麦克风的耳机、电脑、频谱分析软件 Spectrogram。

【实验内容】

(1) 将吸管的尖端剪平，使吸管成规则的空心圆柱，测量其长度 l 与内直径 d。

(2) 将耳机接入电脑，启动 Spectrogram 软件，用手指堵住吸管的一端，并对另一端吹气，使其发声。

(3) 采集到声音的频谱图后,按下"stop"按钮,将鼠标移至频谱图的各个波峰,检查对应频率的比值,进而确定基频。

(4) 代入数据计算声速值。

【实验数据与误差分析】

声音在空气中传播的速度与温度关系为

$$v = v_0 \sqrt{1 + \frac{t}{273.15}} \tag{5.1.5}$$

式(5.1.5)中,$v_0 = 331.45$ m/s,为 0 ℃时空气中的声速;16 ℃时,声速的理论值为341.02 m/s;21 ℃时,声速的理论值为343.96 m/s。利用不同商家的珍珠奶茶吸管,在不同的室温下测得的实验数据如表5.1.1所示。

表 5.1.1

内直径 d/cm	长度 l/cm	基频 f_0/Hz		声速 v/m·s^{-1}		相对误差	
		16 ℃	21 ℃	16 ℃	21 ℃	16 ℃	21 ℃
1.05	17.85	465	467	341.78	343.25	0.22%	0.21%
1.12	18.80	439	443	339.96	343.06	0.31%	0.26%
1.18	18.00	459	462	341.32	343.54	0.08%	0.12%

表5.1.1中的数据初步证明了长度约为18 cm,内直径约为1.1 cm的吸管是适用于本实验方案的。为了探明管的直径大小是否对实验值产生影响,进而采用奶茶店另一种规格的吸管进行测试,其数据如表5.1.2所示。

表 5.1.2

内直径 d/cm	长度 l/cm	基频 f_0/Hz	声速 v/m·s^{-1}	相对误差
0.58	18.95	440	338.62	1.55%
0.60	18.40	452	338.10	1.70%
0.69	19.12	435	338.69	1.53%

由表5.1.2数据可以看出,细管测量值的准确性不如粗管。因为管的直径、长度、基频这3个量的测量手段是相同的,所以两者的差异应该源于管口校正量。由此看来,两种规格吸管的管口校正量并不相同,这也正如文献中所说,管口校正量会因管口厚薄、管体形状等因素而有所不同。数据表明,对于内直径约为0.6 cm的吸管,管口校正量约为$1d$,这也是一个常见的管口修正值,重新修正以后,表5.1.2中细管测量值的最小相对误差能够到达0.07%,最大也只有0.21%。

为了了解吸管的长度对实验值的影响,可以进一步测量,其数据如表5.1.3所示。

表 5.1.3

长度 l/cm	基频 f_0/Hz	声速 v/m·s^{-1}	相对误差
18.80	443	343.06	0.26%
16.10	514	342.53	0.42%
14.70	564	344.27	0.09%
13.25	625	345.25	0.38%
11.80	695	343.61	0.10%

　　由表 5.1.3 可知,利用表中 5 种长度的吸管所测得的实验值是比较准确的,说明管的长度并没有对管口校正量造成太大的影响。但是,如果吸管进一步变短,吹气时气体的压力、管与唇的角度对音高的影响就会变得十分显著,这时,就很难较准确地测量出基频值。因此,实验中吸管长度不易过短,应保证能获得稳定的基频。

实验 5.2 太阳密度的估测

利用小孔成像原理估测太阳的平均密度并不是一个崭新的课题,许多物理参考资料上都有类似的方法,其核心思想是利用万有引力定律和小孔成像原理,把太阳的质量和体积转化为其他易于测量的量。在本实验中,利用设计的新方案进行实验,现象新奇直观,装置简单易制,测量方便可靠。

【实验目的】

(1)掌握小孔成像估测太阳密度的原理。
(2)根据原理制作道具估测太阳密度。

【实验原理】

如图 5.2.1 所示,D 为太阳直径,d 为太阳像的直径,x 为太阳到小孔的距离(近似于地球公转轨道半径),l 为小孔到太阳像的距离,θ 为小孔对太阳的张角。假设地球绕太阳作匀速圆周运动,周期为 T,那么:

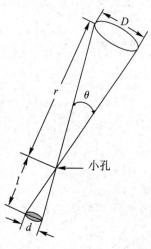

$$G\frac{Mm}{r^2}=m\left(\frac{2\pi}{T}\right)^2 r$$

即太阳的质量为

$$M=\frac{4\pi^2 r^3}{T^2 G}$$

而太阳的体积为

$$V=\frac{\pi}{6}D^3$$

图 5.2.1

所以,太阳的平均密度

$$\rho=\frac{M}{V}=\frac{24\pi r^3}{T^2 G D^3}$$

根据小孔成像的原理

$$\frac{r}{D}=\frac{l}{d}$$

得

$$\rho=\frac{24\pi l^3}{T^2 G d^3} \tag{5.2.1}$$

根据以上原理,有人设计了圆筒状的小孔成像装置:一端开小孔,一端接收像。测量筒的长度 l 和像的直径 d,再利用已知的 T、G,就可以算出太阳的平均密度。

但是,经过实际操作可发现,此方案实施起来困难重重。首先,由于 θ 角很小,想要得到稍大一点的太阳像,必须增大小孔到光屏之间的距离。经推算,直径为 2 cm 的像,对应的筒的长度约为 2 m，这给实验装置的制作带来了不小的麻烦。其次，像直径的测量也有很大的难度。由于地球自转、公转的影响，太阳像的位置会不停的发生变化，要在控制好筒的角度（保证筒壁与光线平行）的同时，准确测量出一个缓慢移动的小圆的直径，难度可想而知，必然会引起较大的误差。

　　通过对小孔成像的原理进行进一步的研究，本实验设计了新的方案。如图 5.2.2 所示，在不透光的纸板上开一个小孔，将小孔置于朝南的窗户上（位置尽可能高一些），在地面（或桌面）上放置一个光屏，调节其倾斜角度，当光屏与入射光线垂直时，接收到的光斑将由椭圆形变为圆形。由于小孔固定且距离光屏较远，光斑相对稳定且较大，便于较准确的测量直径；不便的是距离 l 的测量，但是可以进行转化。根据图 5.2.2 所示的几何关系可知，当接收到圆形光斑时，光屏的倾斜角度等于光线与竖直方向的夹角。根据 $l = H/\cos\varphi$ 式（5.2.1）进一步可以写成：

$$\rho = \frac{24\pi H^3}{T^2 G d^3 \cos^3 \varphi} \tag{5.2.2}$$

　　此方案下，需要测量的量为光屏倾斜角度 φ、小孔距离光斑中心的竖直高度 H 以及光斑直径 d。

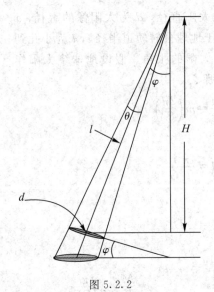

图 5.2.2

【实验仪器】

　　本实验用到的实验仪器有：不透光纸板、游标卡尺。

【实验内容】

1. 使成像清晰

　　首先，制作小孔的材料要不透光且较薄。这样，阴影中的亮斑才足够清晰，而且光线能以任意角度射入小孔。本实验采用的材料是黑色的服装包装袋（纸质），完全符合实验要求。另外，如果房间内装有窗帘，实验效果将更加理想。

2. 确保接收到圆形光斑

在放置游标卡尺的盒子表面贴上白纸，将其作为光屏，在盒盖上固定一根缝衣针，并使之与盒盖垂直。实验时，先将盒子置于地面上的椭圆光斑处，并转动盒子，使盒子两侧不留下阴影，从而使盒子的长边与入射光线垂直；接着，打开盒盖，在盒盖的下方放置橡皮泥将用以支撑，缓慢调节盒盖的倾斜角度，使缝衣针在盒盖上留下的阴影消失，从而使盒盖与入射光线垂直。此时，在盒盖上将接收到一个圆形光斑。实际效果如图 5.2.3 所示。

图 5.2.3

3. 测量光斑直径并确定圆心的高度

起初，编者借鉴前人经验，在光屏上作同心圆，想利用同心圆来确定光斑的大小以及圆心的位置。反复试验后发现，此方法并不可行。因为光斑在不停地移动，要让光斑重合于某一个圆并迅速作出判断几乎不可能完成。于是，编者重新设计了测量方法。在光屏上建立一个直角坐标，使横轴与纵轴分别平行于盒子的长边与短边。在接收到光斑后，平移盒子，使横轴尽可能平分光斑。此时，光斑圆心落在横轴上，横轴高度即为圆心高度（可以从盒子的侧面进行测量）。记录横轴与光斑的交点，两交点之间的距离即为光斑直径。

【实验数据与误差分析】

实验测得的数据为：光斑直径 $d = 2.31$ cm；光屏的倾斜角度 $\varphi = 36.5°$；小孔到地面的竖直高度 $h_1 = 202.40$ cm；光斑圆心到地面的竖直高度 $h_2 = 4.75$ cm；则小孔到光斑中心的竖直高度 $H = h_1 - h_2 = 197.65$ cm。将数据带入式（5.2.2）算得太阳的平均密度 $\rho = 1.37 \times 10^3$ kg/m³，相对误差约为 2.8%。

实验 5.3　利用 DIS 探究感应电动势与磁通量变化率的关系

法拉第电磁感应定律是高中物理非常重要的内容。研究感应电动势的大小与磁通量的变化率之间的关系所得的结论就是电磁感应定律。在定性演示感应电动势与磁通量变化关系时，一般是用条形磁铁插入、拔出串联了灵敏电流表的闭合线圈，分析插拔的快慢、磁铁的磁场强弱与灵敏电流表指针摆动幅度的关系，得出感应电动势可能与磁通量变化的快慢有关的结论。上述实验采用手动方式改变磁铁的速度，不易控制；实验时灵敏电流表的指针不停地晃动，延续时间较短，不易观察。实验的操作、观察都存在一定的局限性。因此，本实验利用 DIS 系统对传统演示实验进行了改进，改进后的实验装置不但可以进行定性观察而且可以进行定量探究。

【实验目的】

（1）根据新的实验方法定性探究感应电动势与磁通量变化率的关系。

（2）根据新的实验方法定量探究感应电动势与磁通量变化率的关系。

【实验原理】

1. 定性探究感应电动势与磁通量变化率的关系

将气垫导轨倾斜放置，条形磁铁固定在滑块上，用细线将滑块的一端与气垫导轨的顶端连接，并使细线与导轨平行。将 J2409 型演示原副线圈中的副线圈置于气垫导轨的上方调节线圈的位置，使之与滑块保持一定距离，以免被滑块撞击。调节线圈的高度，使条形磁铁刚好能够穿入线圈，如图 5.3.1 所示。线圈与微电流传感器、定值电阻（约 9000 Ω）串联成闭合回路。微电流传感器与数据采集器相连，数据采集器连接电脑。随着条形磁铁运动速度的降低，感应电流逐渐减小。

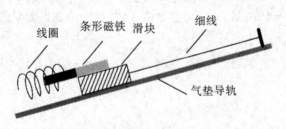

图 5.3.1

通过以上演示实验，很容易得出结论：感应电动势与磁通量变化的快慢有关，即与磁通量的变化率有关。改进后的演示实验现象稳定、直观，持续时间长，便于观察与分析，如图 5.3.2 所示。

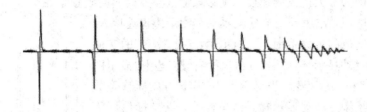

图 5.3.2

2. 定量探究感应电动势与磁通量变化率的关系

本实验要探究的是感应电动势是否与磁通量的变化率成正比，但是，感应电动势 E 和磁通量的变化率 $\Delta\Phi/\Delta t$ 都无法直接测量，所以，首先需将无法测量的量转化成可以测量的量。

实验中，假设磁铁在线圈中发生位移 x，所用时间 Δt，平均速度为 $\bar{v}$，则 $\Delta t=x/\bar{v}$，磁通量的变化率 $\Delta\Phi/\Delta t=\Delta\Phi\bar{v}/x$。因为 x 一定，磁通量的变化量 $\Delta\Phi$ 一定，则 $\Delta\Phi/\Delta t\propto\bar{v}$，两边取极限值，$\lim\limits_{\Delta t\to 0}\dfrac{\Delta\Phi}{\Delta t}\propto\lim\limits_{\Delta t\to 0}\bar{v}=v$，当磁铁穿过线圈的速度成倍变化时，线圈中的磁通量的变化率也成倍变化。因此，可将探究 $E\propto\Delta\Phi/\Delta t$ 的关系转换成探究 $E\propto v$ 的关系。

本实验采用的条形磁铁磁性较弱，用电压传感器无法测量出感应电动势的大小，因此采用微电流传感器测量感应电流。因为 $I\propto E$，所以可进一步转化为 $I\propto v$。

【实验仪器】

本实验用到的实验仪器有：气垫导轨、线圈、条形磁铁、滑块、微电流传感器、数据采集器、电脑。

【实验内容】

1. 定性探究感应电动势与磁通量变化率的关系

打开气垫导轨实验装置中的气缸，将滑块从某一高度释放。由于受细线的作用，滑块在气垫导轨上做往复运动。滑块运动过程中能量逐渐损失，速度逐渐下降，直至停止。这样，固定在滑块上的条形磁铁穿入、穿出线圈的速度会从大到小变化，从而达到了自动控制速度的目的。DIS 系统能够将感应电流的瞬时变化完全记录下来，通过"示波"的显示方式，观察感应电流的变化趋势。

2. 定量探究感应电动势与磁通量变化率的关系

从图 5.3.2 可以看出，磁铁穿越线圈时感应电流是瞬时变化的，本实验的难点在于测量一一对应的感应电流 I 和速度 v 的数据。

进一步观察图 5.3.2 可以发现，磁铁每次穿入、穿出线圈时，总有最大电流产生。分析可知，条形磁铁穿越线圈跟矩形线圈在磁场中转动的原理一样，每次产生最大感应电流的位置应该是固定不变的。于是，以最大值点为研究对象，设法测量出每次的最大感应电流和此时磁铁的瞬时速度。

测量最大值点的瞬时速度，需要将气垫导轨调平，使滑块做匀速直线运动。这样，任意一点的速度即为最大值点的速度。所以，定量探究的实验装置是在图 5.3.1 的基础上加上挡光片和光电门，作用是调节导轨水平和测量磁铁速度。

测量感应电流的最大值时，在"DIS 数字实验室"的实验操作界面的"示波"显示环境下，点击鼠标右键，选中"显示图线中的数据点"和"鼠标显示坐标值"。这样，当鼠标移至数据点时，电脑屏幕会自动显示横、纵坐标值，纵坐标值即为感应电流值。图 5.3.3 为磁铁速度为 0.4511 m/s 时，感应电流的数据截图。

需要注意的是，磁铁一进一出线圈分别会产生一个最大值。实验中需记录的是磁铁进线圈时的速度，所以应记录磁铁进入线圈时产生的最大感应电流值，即左边一个最大值。

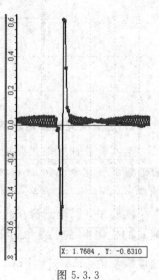

图 5.3.3

【实验数据与误差分析】

用大小不同的力推动滑块，使条形磁铁以不同的速度穿入线圈，记录感应电流的最大值及对应的速度。数据整理如表 5.3.1。

表 5.3.1

$v/\mathrm{m \cdot s^{-1}}$	0.065 4	0.106 5	0.158 5	0.204 1	0.253 6
$I_{\max}/\mathrm{mA}$	0.125 5	0.166 1	0.225 1	0.265 7	0.354 2
$v/\mathrm{m \cdot s^{-1}}$	0.310 4	0.355 6	0.418 5	0.451 1	0.506 1
$I_{\max}/\mathrm{mA}$	0.457 6	0.487 1	0.623 6	0.631 0	0.715 9

将数据记入"计算表格"，点击"绘图"按钮，以速度 v 为横轴，以感应电流 I 为纵轴，画离散点；再利用"图线分析"对数据点进行线性拟合，效果如图 5.3.4 所示。

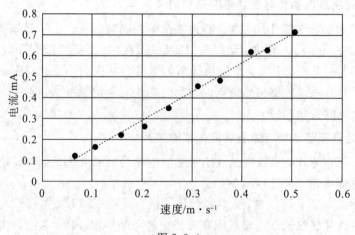

图 5.3.4

观察数据点的分布规律，在考虑误差存在的情况下，可以得出结论：$I \propto v$，即 $E \propto \dfrac{\Delta \Phi}{\Delta t}$。

实验 5.4 利用单摆测重力加速度

利用单摆测量重力加速度是物理教学中较为重要的实验。传统单摆实验不可避免地会出现两个问题：① 摆长的测量中，受摆球质心难以确定的影响，获得准确的摆长值较为困难；② 测周期时，由于人工操作秒表开始或停止计时，会出现超前或滞后计时的情况，存在较大的计时误差。本实验设计了一种方法：利用单摆周期的平方与摆长变化量之间的线性关系求重力加速度，避免了摆长的测量；测量周期时，借助于音频编辑软件、激光器以及光电探头组成类似于光电门的实验装置，能够提高周期测量的准确性。

【实验目的】

（1）掌握实验原理，正确进行实验。
（2）正确记录实验数据并进行误差分析。

【实验原理】

1. g 值的计算方法

在单摆实验中，单摆周期与重力加速度、摆长存在如下关系：

$$T_0 = 2\pi \sqrt{\frac{L_0}{g}} \tag{5.4.1}$$

式中，T_0、L_0 分别为单摆的初始周期与摆长。对式(5.4.1)两边求平方得

$$T_0^2 = \frac{4\pi^2}{g} L_0 \tag{5.4.2}$$

若单摆的摆长变化为 ΔL，则单摆的周期必然发生变化，此时的周期记为 T，将式(5.4.2)改写为

$$T^2 = \frac{4\pi^2}{g}(L_0 + \Delta L) \tag{5.4.3}$$

整理式(5.4.3)得

$$4\pi^2 \Delta L = gT^2 - 4\pi^2 L_0 \tag{5.4.4}$$

由式(5.4.4)可知，变量 $4\pi^2 \Delta L$ 与变量 T^2 存在线性关系，线性方程的斜率即为重力加速度的值 g。因此，多次改变摆线长度，记录多组 $4\pi^2 \Delta L$ 和 T^2 的值，然后拟合两变量的直线方程，即可得到重力加速度的值。

上述方法避免了摆球直径的测量，长度的改变量 ΔL 较容易获得可靠数值，且测量更加便捷。接下来要解决的就是周期测量的问题。

2. 周期的测量方法

本实验中，音频编辑软件起到了关键性作用。这种软件原本是用于处理音频信号的，而音频信号输入电脑之前首先会被转变为电流信号，因此可以说，软件处理的实际上是电流信号。

测周期时，摆球置于激光器与光电探头之间，光电探头与电脑的音频输入接口相连，如图 5.4.1 所示。单摆在摆动过程中会挡光，光电探头内的光敏二极管对光的变化非常敏感，能将光信号转化为电流信号，电流信号经音频输入接口送至电脑后，能被音频编辑软件记录下来，如图 5.4.2 所示。

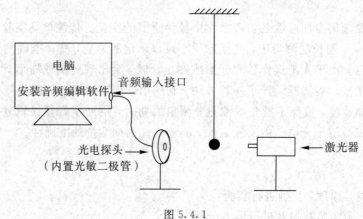

图 5.4.1

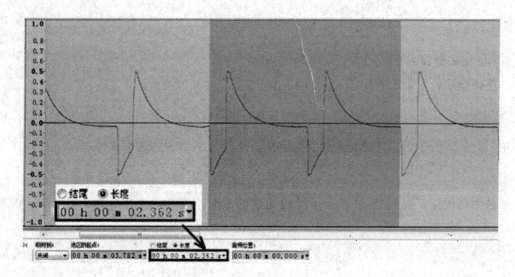

图 5.4.2

单摆摆动过程中，每一次挡光会产生一次上下波动的脉冲。一个周期内单摆挡光两次，出现两次脉冲。在软件的图形窗口中选中一个周期所占的时间区域，窗口下方会显示所选区域的时间长度。

这种方法避免了实验者的反应时间和对摆球位置的判断存在的误差，而且数值的精确程度也优于一般的电子秒表。另外，该方案中的音频编辑软件可以在互联网上免费下载，电脑、激光器和光电探头都是物理实验室的常用设备，因此，用该方法测单摆周期可以充分利用实验室的现有器材。

按上述方法进行测量，要改变单摆的摆长，还要保证摆球始终处在激光器与光电探头之间且能挡住光线。为此，实验设计了如图 5.4.3 的单摆悬挂装置。

图 5.4.3 所示的装置主要由底座、竖杆、横杆组成，竖杆有里外三层，通过调节旋钮

可以改变其高度。竖杆顶端连接横杆，横杆上钻有小孔，摆线从小孔中穿入，并连接至横杆左端的旋钮，通过该旋钮可以调节摆线的长度。横杆上在小孔和调节旋钮之间刻有一条竖线，用于对齐摆线上的标记点。

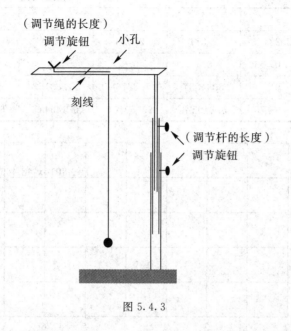

图 5.4.3

【实验仪器】

本实验用到的实验仪器有：单摆、光电探头、激光器、Audacity 软件、计算机。

【实验内容】

（1）用铅笔在摆线上每隔一定距离（如 10 cm 或者 5 cm）做一个标记。

（2）将摆线穿入实验装置横杆上的小孔，并与横杆左端的调节旋钮连接。

（3）调节横杆上的旋钮，使摆线上的第一个标记点对齐横杆上的刻线。

（4）将激光器和光电探头正对放置，使激光能够射入探头内，并将光电探头的输出端接入电脑的音频输入接口。

（5）调节竖杆的长度，使摆球落在激光器与光电探头之间，并保证摆球能挡住光线。

（6）打开电脑上的音频编辑软件，开启软件的录制功能，记录摆球摆动过程中所产生的波形。

（7）停止录制后，在软件窗口中选择一个周期所占的区域，通过窗口下方的"时间长度"测得周期；通过软件窗口的不同区域多次测量周期，取得周期平均值。

（8）改变摆线的长度，测得不同摆长下的周期值。

（9）将多组 $4\pi^2\Delta L$ 和 T^2 数据录入 Excel 表格，并拟合直线，通过直线的斜率求得重力加速度的值。

【实验数据与误差分析】

经过多次验证，本方法大大提高了利用单摆测量重力加速的测量精度，测量结果与公认标准非常接近。已测量的一组数据如表 5.4.1 所示，用 Excel 软件对数据拟合的结果如图 5.4.4 所示。

表 5.4.1

测量序号	1	2	3	4	5	6
T/s	2.224	2.311	2.398	2.479	2.559	2.638
$\Delta L/m$	0	0.1	0.2	0.3	0.4	0.5
$4\pi^2 \Delta L/m$	0	3.94384	7.88768	11.83152	15.77536	19.7192
T^2/s^2	4.946176	5.340721	5.750404	6.145441	6.548481	6.959044

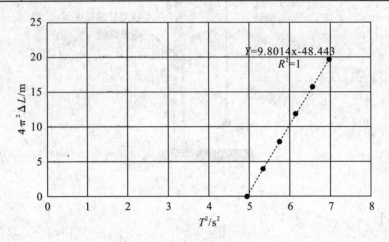

图 5.4.4

由图 5.4.4 可知，拟合直线的相关系数 $R^2 = 1$，说明直线的线性度是非常好的，实验数据的准确性也非常高。直线方程的斜率为 9.801 4，即重力加速度的测量值为 9.801 4 m/s²。实验室所处的泰州地区位于北纬 32.49°，属平原地区，该地区的重力加速度的理论值为 9.794 3 m/s²。由此可见，实验值与理论值已非常接近。

实验 5.5　空气柱驻波规律

　　管中空气柱振动在管端发生反射能形成驻波。当管中空气柱以某一自身固有频率振动时，空气柱达到共振，对于两端开口或者一端开口的管，驻波波腹形成于开口，能向外发出较响声音。当空气柱振动包含多种频率成分时，每种成分的振动都能在管中形成驻波，频率为空气柱固有频率的振动发声较响，形成包含基音和泛音的复合声。基音相比于泛音频率最低，响度一般最大，人耳一般也只能辨别出基音。用智能手机配合玻璃管可以演示非固有频率下的驻波，用小喇叭配合塑料茶杯可以演示固有频率下的驻波，用频谱分析软件可以演示管中的各个驻波成分，用不同长度的 PVC 管可以演示管长与基频的关系。

【实验目的】

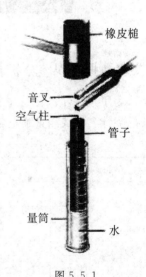

图 5.5.1

　　掌握非固有频率、固有频率、复合频率 3 种情况下的驻波规律以及实验验证方法。

【实验原理】

　　振幅相同、传播方向相反的两列简谐相干波叠加得到的振动称为驻波。驻波实际上是波的干涉的一种特殊情况。但是，对于两个相互独立的波源，保证它们具有相同的频率和固定的相位差十分困难。通常看到的驻波常常是一列前进波与其在某一界面的反射波叠加而成的。管中空气柱形成的驻波便是如此。一个经典的驻波实验如图 5.5.1 所示，音叉作为声源在管子上方开口处振动，声波传至水面后被反射，反射波与入射波相遇便形成了驻波。

非固有频率下驻波规律探析及实验演示

　　1）规律探析

　　管中空气柱在管子末端要来回多次反射，产生的多个反射波将发生干涉，通常，这些反射波的相位并不相同，因此合振幅很小。此时，驻波现象不易被察觉。

　　2）演示实验

　　本实验基于手机虚拟示波器软件，设计了非固有频率下的驻波现象演示实验。

【实验仪器】

　　本实验用到的实验仪器有：智能手机 2 部（一部安装有信号发生器软件 Sign Generator，另一部安装有虚拟示波器软件 Oscilloscope）、空心玻璃管（两端开口或者一端开口皆可）。

【实验内容】

如图 5.5.2 所示,在玻璃管的开口端外侧放置一部安装有"Sign Generator"软件的手机,用于输出正弦音频信号。在玻璃管内放置一部安装有"Oscilloscope"软件的手机,它可以用波形的方式显示管内信号的强弱。将管外手机输出信号调至一定频率(非空气柱的固有频率),移动管内手机的过程中可以发现,管内信号幅度会交替发生变化,在固定的位置会出现极大值和极小值。此现象能够说明驻波的形成。

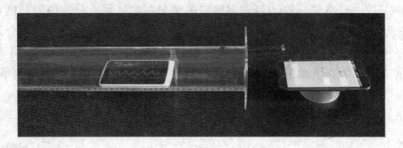

图 5.5.2

【实验数据与误差分析】

为了进一步验证管中驻波的存在,编者根据相邻波腹或波节之间的距离为半个声波波长的规律,尝试测量了空气中的声速。数据见表 5.5.1。

表 5.5.1

频率/Hz		波节所在位置 x/cm				$\overline{x}$/cm	波长/cm	声速/m·s^{-1}
1000	x_1	75.24	75.29	75.20	75.28	75.25	33.97	339.70
	x_2	58.42	57.99	58.17	58.14	58.18		
	x_3	41.21	41.18	41.17	41.19	41.19		
	x_4	24.28	24.36	24.29	24.25	24.30		
1200	x_1	79.68	79.65	79.67	79.70	79.68	28.35	340.20
	x_2	65.35	65.37	65.36	65.37	65.36		
	x_3	51.22	51.26	51.27	51.25	51.25		
	x_4	37.11	37.09	37.06	37.12	37.10		
1400	x_1	70.47	70.48	70.49	70.47	70.48	24.21	338.94
	x_2	58.14	58.08	58.17	58.09	58.12		
	x_3	46.16	46.10	46.11	46.10	46.12		
	x_4	34.10	34.09	34.02	34.01	34.06		

声速的近似计算公式为 $v=331+0.6t$(m/s),实验时的温度 t 为 15 ℃,理论声速为 340.0 m/s,实验值与理论值显然是吻合的。

固有频率下驻波规津探析及实验演示

1）规律探析

驱动力的频率接近物体的固有频率时，受迫振动的振幅增大，这种现象叫做共振。如图 5.5.1 所示的实验中，在调节空气柱长度的过程中，当音叉频率吻合于空气柱的固有频率时，空气柱达到共振，振幅较大。共振时驻波波腹出现于管口，如图 5.5.3 所示。管口处的空气通过大幅振动能向外发出较强的声音，此种现象在声学中也被称为共鸣。

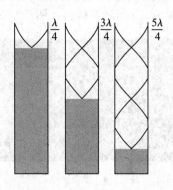

图 5.5.3

上述实验是通过改变空气柱的固有频率以适应策动频率来实现共振的。如果空气柱长度不变，可以通过改变策动频率以吻合固有频率从而实现共振，原理如图 5.5.4 所示。

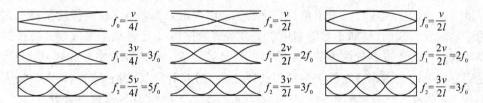

图 5.5.4

一定长度的管内空气柱的固有频率与管的结构和长度有关。对于一端开口的管，空气柱固有频率 f 满足：

$$f=(2n-1)\frac{v}{4l} \qquad (n=1, 2, 3, \cdots) \tag{5.5.1}$$

对于两端开口或者两端封闭的管，空气柱固有频率 f 满足：

$$f=n\frac{v}{2l} \qquad (n=1, 2, 3, \cdots) \tag{5.5.2}$$

式中：v 为空气中的声速；l 为管长即空气柱的长度。由此可见，一定长度的空气柱具有多个固有频率。调节外界声波频率等于 f_1，f_2，f_3，$\cdots$ 时，能使空气柱产生共振。

2）演示实验

空气柱达到共振的情况下，比较容易观察到明显的驻波现象，如图 5.5.1 所示的实验。除此以外，昆特管实验也是在共振的情况下演示驻波。昆特管演示驻波的方法是在空心管中加入煤油或者泡沫小颗粒，待到空气柱达到共振时，煤油滴屑或泡沫小球会集中到驻波的波腹区域。本实验根据昆特管实验的方法，设计了简易的昆特管实验。

【实验仪器】

本实验用到的实验仪器有：信号发生器、小喇叭、塑料茶杯、泡沫小颗粒。

【实验内容】

首先，将小喇叭与信号发生器相连，茶杯内放入少量泡沫小颗粒。将小喇叭置于塑料茶杯的杯口，并保证将杯口完全堵住。调节信号发生器频率，当空气柱达到共振时，泡沫小颗粒会向波腹位置聚集，呈现如图 5.5.5 所示的结构。图 5.5.5 中显示存在着 3 个波腹。

图 5.5.5

复合频率下驻波规律探析及实验演示

1）规律探析

以上讨论的空气柱驻波是由单纯频率的振动激发的，如果空气柱的振动是通过多种频率的振动激发起来的（例如小号等利用吹奏者嘴唇的振动），这种振动形成的波可按照傅立叶变换展开成为无限多种频率的波的叠加。每种频谱成分都能在管中形成驻波，频率为空气柱固有频率的频谱成分在管中能形成共振，通过管口处空气大幅振动向外发出较强的声音。可见，此时管中发出的声音同时包含了如图 5.5.4 所示的多种频率成分 f_0、f_1、f_2、……，被称为复合音。复合音中，频率最低的声音成分称为基音，其他成分被称为泛音。基音的能量一般最大，随着频率的增加，能量呈递减趋势，因此人耳一般只能辨别出基音。

2）演示实验

为了演示复合频率下的驻波规律，本实验包含两个实验项目。

（1）用频谱分析软件演示管中的多个驻波成分。

【实验仪器】

本实验用到的实验仪器有：奶茶吸管（或者一段 PVC 管）、计算机、频谱分析软件 Spectrogram、话筒。

【实验内容】

堵住奶茶吸管的一端，在另一端吹气使其发声；或者手拍 PVC 管的一端，使 PVC 管发出声音。话筒将音频信号输入至电脑后，Spectrogram 软件能分析得到声音的频谱图，如图 5.5.6 所示。图中横轴显示的是频率，纵轴显示的是声强。由图可以看出，该声音含有多个频率成分，对应特定的频率，声音有较大的强度；图形中第一个峰的高度最高，因此，第一个峰所对应的声音就是基音，其他峰所对应的声音是泛音。进一步观察基音和泛音的频率可以发现，它们刚好满足 1∶3∶5…的关系，完全符合式(5.5.1)所描述的规律。

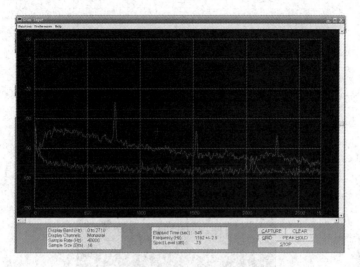

图 5.5.6

（2）用不同长度的 PVC 管演示空气柱长度与频率的定量关系。

初中物理教学中涉及的"空气柱长度与其发声频率关系"具体为：空气柱长度越长，频率越低，音调越低；长度越短，频率越高，音调越高。实际上，声波频率与空气柱长度存在定量关系。

拍击 PVC 管的一端，可以引起管内多种频率的驻波产生而发出复合音。虽然复合音包含多种频率，但是，因为人耳一般只能辨别出基音，因此，基频决定了声音的音调。根据空气柱的驻波规律，基频和空气柱长度存在定量关系。PVC 管的一端被击打时，该管端被封闭。对于一端封闭的管，基频 f_0 满足：

$$f_0 = \frac{v}{4l} \tag{5.5.3}$$

为了演示这一关系，设计了下列实验方法。

【实验仪器】

本实验用到的实验仪器有：计算机、频谱分析软件 Spectrogram、话筒、锯子、PVC 管。

【实验内容】

音乐简谱中有 7 个基本音符，每个音符对应一定的频率，按照式(5.5.3)，可以算得每个音符所对应的管长。计算结果如表 5.5.2 所示。

表 5.5.2

音符	1	2	3	4	5	6	7
频率(低音)/Hz	262	294	330	349	392	440	494
管长(空气柱长)/m	0.324	0.289	0.258	0.244	0.217	0.193	0.172

　　按照表 5.5.2 的数据截取 7 根 PVC 管,并将它们组合在一起,能够演奏一些简单的乐曲,效果如图 5.5.7 所示。该实验既有一定的趣味性,又能够比较好地验证管长与频率的定量关系。

图 5.5.7

实验 5.6 落磁法演示楞次定律实验中磁环运动规律的探究

与传统的楞次定律演示仪器相比，落磁法演示楞次定律实验的方法结构简单，物理现象明显，且可以直接观察到磁环的运动状况，演示效果更加直观、生动。本实验试图在对磁环的运动状况进行观察的基础上，对磁环的运动规律从理论推导到实验验证做一些探究。

【实验目的】

（1）掌握落磁法实验原理。
（2）根据实验数据验证理论推导。

【实验原理】

落磁法演示楞次定律实验装置的结构如图 5.6.1 所示。图中 1 为直径 20 mm、长约 500 mm 的铜棒；2、3 分别为与铜管尺寸相同的铝棒和塑料棒；3 根圆棒垂直安装在底座 5 上；4 为内径 22 mm 的恒磁环（简称磁环）。演示时将磁环依次套在 3 根圆棒的上端，让其自由下落。当磁环沿圆棒 1 下落时大约需要 7 s～8 s；沿圆棒 2 下落时大约需要 2 s～3 s；沿圆棒 3 下落时只需要零点几秒，与自由落体基本相同。上述现象的物理学原理解释如下：

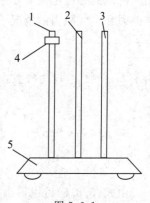

图 5.6.1

当磁环沿导体圆棒自由下落时，运动的磁环使导体圆棒中的磁通量变化而产生感应电流，感应电流激发的磁场反过来抵抗引起磁通量变化的磁环，从而减小了磁环的下落速度。作为对比的塑料棒，由于其为电阻率很大的绝缘体，几乎无感应电流产生，圆环的下落速度基本与自由落体相同。铝的电阻率比铜大，由磁环运动而产生的感应电流相对较小，所产生的抵抗磁场也较小。因此，磁环沿铝棒的下落速度比沿铜棒快，比沿塑料棒慢。以上现象证明了楞次定律的正确性。

与传统的楞次定律演示仪器相比，由于可以直接观察到磁环的运动状况，演示效果更加生动，同时，通过对磁环下落速度的观察与对比，可显示更深层次的物理含义，进行进一步的探究。

1. 磁环运动规律的探究

由于在演示中可以观察到磁环下落时的运动状况，便于对磁环的运动规律从物理模型假设到理论推导以及实验验证做进一步的探究。

2. 磁环运动规律的物理模型假设与理论推导

首先，可将金属圆（铜、铝）棒看作上下连续排列的，由半径不断增大的数圈圆导体组成的磁体，其中磁通量对时间的变化率应与磁环的下落速度有关。与物理学的其他情况类比，假设磁通量对时间的变化率与磁环的下落速度成正比，设比例系数为 k_1，则感应电动势为

$$\varepsilon = -\frac{\mathrm{d}\Phi}{\mathrm{d}t} = -k_1 v \tag{5.6.1}$$

式中，v 为下落速度。设在此电动势下金属圆棒所产生的感应电流的综合等效电阻为 R，则金属圆棒内的感应电流为

$$I = \frac{\varepsilon}{R} = -\frac{k_1 v}{R} \tag{5.6.2}$$

设金属圆棒的电阻率为 ρ，由于在相同的几何形状下，导体的电阻与电阻率成正比，设比例系数为 k_2，则 $R = k_2 \rho$，带入式（5.6.2）得

$$I = -\frac{k_1 v}{k_2 \rho} \tag{5.6.3}$$

根据电流在磁场中所受的安培力，此时金属圆棒内的感应电流对磁环的作用力应与金属圆棒内的感应电流大小成正比，即 $F' \propto I$。设比例系数为 k_3，磁环的质量为 m，在忽略摩擦力和空气阻力的情况下，磁环在下落过程中所受的力为

$$F = mg - F' = mg - \frac{k_1 k_3 v}{k_2 \rho} = mg - k \frac{v}{\rho} = m \frac{\mathrm{d}v}{\mathrm{d}t} \tag{5.6.4}$$

由于 k_1、k_2、k_3 均为常数，因此可合并为常数 k。经整理并分离变量后得

$$\frac{1}{\rho m} \mathrm{d}t = \frac{\mathrm{d}v}{mg\rho - kv} \tag{5.6.5}$$

设 $t=0$ 时 $v=0$，将式（5.6.5）两边积分并整理得

$$v = \frac{mg\rho}{k} \left(1 - \mathrm{e}^{-\frac{k}{\rho m}t}\right) \tag{5.6.6}$$

由式（5.6.6）可以得出以下 3 个结论：一是磁环的下落速度随时间的增长逐渐增加；二是磁环的下落速度有一个极限值 $mg\rho/k$，该值又称为收尾速度；三是在金属棒尺寸相同的情况下，同一磁环的下落速度的极限值与金属棒的电阻率 ρ 成正比。

【实验仪器】

本实验用到的实验仪器有：铜棒、铝棒、塑料棒、磁环、打点计时器。

【实验内容】

1. 磁环的运动规律的实验验证

为验证上述结论而设计的实验装置如图 5.6.2 所示，图中 1 为打点计时器，固定在支架 2 上，3 为磁环，与打点计时器纸带下方通过胶带连接，4 为待测金属棒。实验时让磁环自由下落，通过打点计时器记录磁环下落的距离与时间的关系，然后依据图 5.6.3 所示 A、B、C 点相对位置，采用 $v_B \approx \Delta x/\Delta t$（$\Delta t$ 取 0.04 s）计算出 B 点的瞬时速度，然后逐一计算出磁环下落速度与时间的关系。实验结果见表 5.6.1，由表 5.6.1 数据所作的速度-时间曲

线图如图 5.6.4 所示。

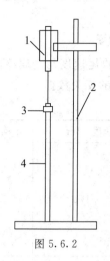

图 5.6.2

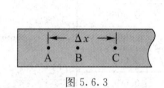

图 5.6.3

表 5.6.1

时刻/s	0.02	0.04	0.06	0.08	0.10	0.12	0.14	0.16
位移 Δx/m	0.0031	0.0072	0.0109	0.0131	0.0152	0.0168	0.0174	0.0182
速度 v/m·s^{-1}	0.0775	0.1800	0.2725	0.3275	0.3800	0.4200	0.4350	0.4550
时刻/s	0.18	0.20	0.22	0.24	0.26	0.28	0.30	0.32
位移 Δx/m	0.0187	0.0189	0.0187	0.0187	0.0192	0.0198	0.0199	0.0200
速度 v/m·s^{-1}	0.4675	0.4725	0.4675	0.4675	0.4800	0.4950	0.4975	0.5000
时刻/s	0.34	0.36	0.38	0.40	0.42	0.44	0.46	0.48
位移 Δx/m	0.0201	0.0202	0.0205	0.0200	0.0205	0.0199	0.0200	0.0199
速度 v/m·s^{-1}	0.5025	0.5050	0.5125	0.5000	0.5125	0.4975	0.5000	0.4975

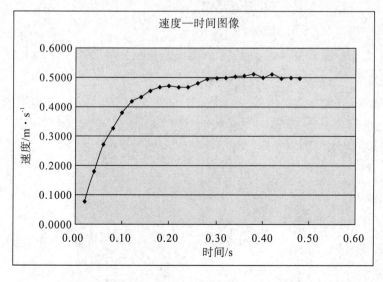

图 5.6.4

从图 5.6.4 可以看出，磁环的下落速度随时间的增加逐渐增加；且恒磁环的下落速度有一个极限值，符合式(5.6.6)所得的结论。

2. 磁环下落收尾速度与金属棒电阻率关系的实验验证

下面进一步验证在金属棒尺寸相同的情况下，下落收尾速度与金属棒的电阻率 ρ 成正比。表 5.6.2 是在图 5.6.2 的装置下测量的两种金属棒的相关数据。

表 5.6.2

材料数据	位移 Δx/m	平均位移 $\overline{\Delta x}$/m	平均速度 $\overline{v}$/m·s^{-1}	不确定度 U_v/m·s^{-1}
铜棒	0.0068	0.0069	0.173	0.013
	0.0069			
	0.0070			
	0.0070			
	0.0068			
铝合金棒	0.0200	0.0202	0.505	0.014
	0.0201			
	0.0202			
	0.0205			
	0.0200			

从表中得出铝合金棒与铜棒的收尾速度比约为 2.92±0.30。查阅资料得，铝与铜的电阻率分别为 2.83×10^{-8} Ω·m 和 1.75×10^{-8} Ω·m，比值约为 1.62。实验中使用的是铝合金，其电阻率大于纯铝，实验结果基本符合理论推导的结论。

附　　录

附录1　物理天平的结构和使用

　　常用的物理天平如图 F.1.1 所示。它的主要部分是横梁 A，横梁中间有一个倒三角样的刀口 B_0，横梁两侧有向上刀口 B_1 和 B_2，分别悬挂吊耳 E_1 和 E_2。平时横梁是被搁置在止动架 H 的三个尖脚上，刀口 B_0 是悬空的，此时物理天平处于止动状态。在立柱下方止动旋钮 G 顺时针方向旋转时就能使刀承 D 升高，支撑起刀口 B_0，横梁脱离止动架 H，这时物理天平处于称衡状态。观察物理天平是否平衡之后，需要立即沿逆时针方向旋转止动旋钮 G，使得刀承 D 下降，横梁落回在止动架 H 上，刀口 B_0 与刀承 D 分离，从而保护刀口不受损伤。J_1、J_2 是调节底座水平的螺丝，底座上的水准器 Q 指示水平。K_1、K_2 为调节平衡的配重螺母。O 是感量调节器，可用于调节横梁和指针的重心位置，一般不移动。

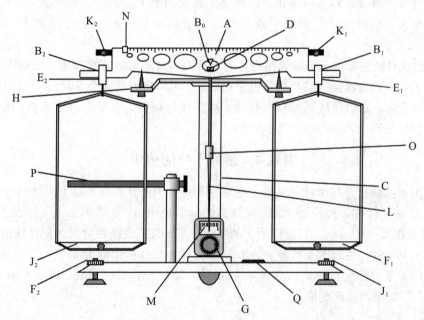

　　A—横梁；B_0、B_1、B_2—刀口；C—立柱；D—刀承；E_1、E_2—吊耳；F_1、F_2—秤盘；G—止动旋钮；H—止动架；J_1、J_2—底脚螺丝；K_1、K_2—配重螺母；L—指针；M—标尺；N—游码；O—感量调节器；P—托盘；Q—水准器

图 F.1.1

附录2　物理天平的操作规程

1. 水平调节

先观察水准器 Q 里的气泡是否在中央，如果在中央圆内，表明物理天平的底座是水平

的，否则就要调节底脚螺丝直到气泡进入水准器的中央为止。

2. 调零

在天平空载时，用镊子将游码放到"零"位置上，顺时针方向旋转旋钮，支起刀口 B，观察天平指针是否停在标尺的中央刻度线上(或左右摆幅相等)，若不相等，需要调节横梁两边的配重螺母(注意先沿逆时针方向旋转止动旋钮，让横梁落在止动架上，再进行调节)，直到天平平衡。

3. 称衡

将待测物体放在左盘中，再根据自己的估计，在右盘里放置适当的砝码，然后用左手顺时针方向慢慢旋转旋钮，使得横梁稍微升高，观察指针的偏转情况，判断砝码偏多还是偏少，沿逆时针方向慢慢旋转旋钮，让横梁回落，根据刚才的判断增加或减少适量的砝码。重复上述操作，当质量差小于 1g 时，需要调节游码位置，直到指针停在标尺的中央刻度线上(或左右摆幅相等)，这时砝码和游码所示的值就是左盘中待测物体的质量。

附录 3　使用物理天平的注意事项

(1) 沿顺时针方向慢慢旋转止动旋钮，升高刀承，观察天平两边是否平衡后，必须立即沿逆时针方向慢慢旋转止动旋钮，让横梁回到止动架上。如果天平平衡，则可以读数；如果没有平衡，则应继续调节砝码或游码。调节时保证横梁处于止动架上，用以保护刀口。

(2) 在没有把握确定天平横梁两边接近平衡时，只能稍微升高刀承，能观察到指针偏转方向即可。只有在确定横梁两边接近平衡时，才可以将刀承完全升起。

(3) 为了防止砝码和游码磨损与锈蚀，必须使用镊子，切不能用手操作。称衡完毕，砝码需要放回砝码盒，游码必须归零。

附录 4　游标卡尺的使用

游标卡尺实际上是在米尺的基础上附加一个带有刻度并能在主尺上滑动的游标。

游标上共有 50 格，共长 49 mm，每格长度为 0.98 mm，如图 F.4.1。主尺上每格长度 1 mm，两者相差 0.02 mm。当游标的 0 刻度线后第 1 条刻度线和主尺的刻度线对齐时，说明游标的 0 刻度线与主尺刻度线相差 0.02 mm，即此时游标读数为 0.02 mm；当游标的 0 刻度线后第 2 条刻度线和主尺的刻度线对齐时，则为 2 个 0.02 mm，即此时游标读数为 0.04 mm；后续测定以此类推。

图 F.4.1

当测量小于 1 mm 的长度时，直接根据游标 0 刻度线后第 n 条刻度线与主尺刻度线对齐，得到读数为 n 个 0.02 mm。但是实际测量时可以直接读出。

当测量的长度大于 1 mm 时，应该先从游标上 0 刻度线在主尺上对应的位置读出毫米的整数位，再根据上述方法从游标上读出毫米的小数位。注意游标卡尺精确到 0.02 mm，不需要再估读。

附录 5　气垫技术和气垫导轨

　　早在 19 世纪 70 年代，人们就发现了船身和水面之间的气垫悬浮效应。1959 年英国人 C·科克雷尔设计的世界上第一艘气垫船成功横渡英吉利海峡。从此，气垫技术日益发展，被广泛应用于机械、纺织、运输等工业生产和科学实验领域中。气垫能极大地减小物体之间的摩擦，使物体作近似无摩擦的运动，利用气垫技术制造的气垫船、气垫输送线、空气轴承等可以减小机械摩擦，从而提高速度和机械效率，延长使用寿命。

　　气垫导轨是气垫技术在物理实验中的应用。由于气垫效应，滑块在运动过程中摩擦力极小，可以进行一些较精确的定量研究以及物理规律的验证。

　　气垫导轨的全套设备包括气垫导轨、气源、光电计时系统等 3 部分。

1. 气垫导轨系统

　　图 F.5.1 是气垫导轨的外观示意图。气垫导轨主要由气垫导轨、滑块和其他附件组成。气垫导轨是一根平直、光滑的，由中空铝合金型材制成的管道，固定在支承梁上，光洁的轨面上有两排等距离排列的小孔，孔径在 0.4 mm～0.6 mm。气垫导轨的一端封闭，另一端通过塑料管与气源连接，压缩空气可由进气管进入管腔内，再由小气孔喷出。遇到在气垫导轨面上的滑块时，在滑块与气垫导轨表面之间会产生一层很薄的空气层-气垫，气垫使滑块在气垫导轨上作近似无摩擦的运动。为了避免碰伤，气垫导轨两端和滑块上都装有缓冲弹簧。在支承梁底部装有 3 个螺丝，分居气垫导轨两端，用于调节气垫导轨水平。

　　滑块是气垫导轨上的运动物体，由角铝合金制成，其内表面与气垫导轨的两个侧面精密吻合，滑块上可加装挡光片、加重块等。

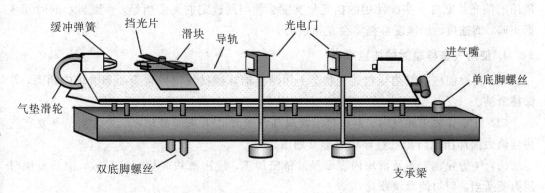

图 F.5.1

2. 气源

　　气源是向气垫导轨管腔内输送压缩空气的设备，具有气流量大、供气稳定、噪音小、能连续工作的特点。本实验采用专用小型气源，具有体积小、移动方便，适用于单机工作等优点。但小型气源电动机转速较高，容易发热，故不能长时间连续开机。

3. 光电计时系统

　　光电计时系统由光电门和电子计时器组成。

（1）光电门。现在一般使用单边式（又称侧式）结构光电门，由红外发光二极管和光敏三极管构成。通常在红外发光二极管的光照下，光敏三极管的电阻值较小；但在无光照时，光敏三极管的电阻值会显著增加。利用光敏三极管在两种状态下的电阻变化，可获得信号电压，用来控制电子计时器，使其开始计时或停止计时。

（2）电子计时器。目前气垫导轨的计时器有数字毫秒计、多功能数字计时仪等。本实验使用的是 MUJ-3A 计时计数测速仪，是一种精密的电子计时仪器。它以单片微机为核心，配有合理的控制程序，具有计时、计数、测速等多项功能。图 F.5.2 是该计时计数测速仪的面板图，其中几个主要按钮及其功能分别介绍如下。

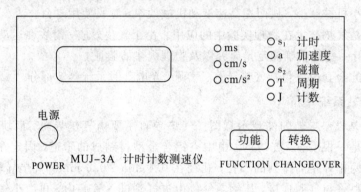

图 F.5.2

功能键：用于计时、加速度、碰撞、周期、计数等 5 种功能的选择。显示屏未有数据显示时，按键选择"功能"；显示器有数据显示，按键即消除数据，再按一下"转换"按键。

转换键：用于转换测量单位或选择挡光片的宽度。在"计时"、"加速度"、"碰撞"功能时，按下"转换"键小于 1 s，测量值在时间或速度之间转换；按下"转换"键大于 1 s，可选择所用的挡光片宽度。实验使用的挡光片宽度必须与所选定的宽度相等，否则显示的时间数据正确，而速度、加速度数据将会是错误的。

4. 使用气垫导轨时的注意事项

（1）实验前应在气垫导轨通气状态下用酒精棉球擦拭气垫导轨表面和滑块内侧面，并保持清洁。

（2）气垫导轨未通气时，不可将滑块放在气垫导轨上来回滑动，以免磨损。不要在气垫导轨表面加压以防止气垫导轨变形及划伤。

（3）气垫导轨表面及滑块内表面经过精密加工，使用滑块时要轻拿轻放，推动滑块时用力要适当，切勿使滑块跌落。

（4）小型专用气源电机容易发热，连续使用时间不宜过长，实验中不进行测量时要把气源关掉，以免烧坏电机。

附录 6 落球法液体黏滞系数测定仪使用说明

1. 整体部件

DH4606 落球法液体黏滞系数测定仪主要包括测试架和测试仪两部分。如图 F.6.1 所示为测试架结构图。

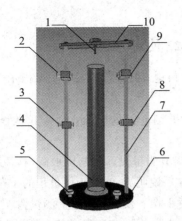

1—落球导管；2—发射端Ⅰ；
3—发射端Ⅱ；4—量筒；
5—水平调节螺钉；6—底盘；
7—支撑柱；8—接收端Ⅱ；
9—接收端；10—横梁

图 F.6.1

2. 测试仪使用说明

DH4606 落球法液体黏滞系数测定仪测试仪面板如图 F.6.2 所示，使用时测试架上端装光电门Ⅰ，下端装光电门Ⅱ，且两发射端装在一侧，两接收端装在一侧。将测试架上的两光电门"发射端Ⅰ"、"发射端Ⅱ"和"接收端Ⅰ"、"接收端Ⅱ"分别对应接到测试仪前面板的"发射端Ⅰ"、"发射端Ⅱ"和"接收端Ⅰ"、"接收端Ⅱ"上。检查无误后，按下测试仪后面板上的电源开关，此时数码管将循环显示两光电门的状态："L-1.0"表示光电门Ⅰ处于未对准状态；"L-1.1"表示光电门Ⅰ处于对准状态；"L-2.0"表示光电门Ⅱ处于未对准状态；"L-2.1"表示光电门Ⅱ处于对准状态。

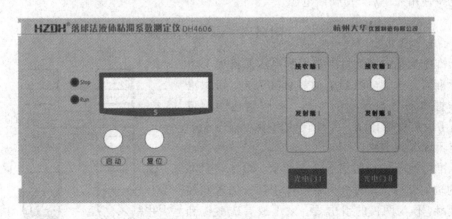

图 F.6.2

当两光电门都处于对准状态时，按下测试仪前面板上的"启动"键，此时数码管将显示"HHHHH"，表示启动状态；当下落小球经过上面的光电门（光电门Ⅰ）而未经过下面的光电门（光电门Ⅱ）时，数码管将显示"-"，表示正在测量状态；若测量时间超过 99.999 s，则显示超量程状态"LLLLL"；当小球经过光电门Ⅱ后，将显示小球在两光电门之间的运行时间。重新按下"启动"键后放入第二个小球，经过两光电门后，将显示第二个小球的下落时间，依次类推。若在实验过程中，不慎碰到光电门，使光电门偏离，将重新循环显示两光电门状态，此时需重新校准光电门。

附录7　QJ23 使用方法

（1）在仪器后面，用专用导线接通 220V 市电，并开启电源开关，指示灯亮。将"G"按钮选择开关转向"内接"。

（2）将被测电阻接至"R_X"接线柱，估计被测电阻的阻值，选择好量程倍率及电源电压。调节"调零"旋钮使检流计表头指针指零。

（3）按下"B"按钮，然后轻按"G"按钮，调节测量盘，使电桥平衡（检流计指零）。如果电桥无法平衡，检流计指针仍向"＋"方向偏转，说明 R_x 值大于该量程的上限值，应将量程倍率放大一挡，再次调节 4 个测量盘，使电桥平衡。反之，当第一测量盘调至"0"位，检流计指针仍偏向"－"方向，应将量程倍率减小一挡，再调节测量盘使电桥平衡。

R_x 值可由下式求得

$$R_x = 量程倍率 \times 测量盘示值之和$$

当测量中内附检流计灵敏度不够时，需外接高灵敏的检流计，此时应将"G"按钮选择开关调向"外接"，外接检流计接在"$G_{外接}$"接线柱上。

在电桥使用中，必须使用第 1 测量盘（×1000），即第 1 测量盘不能置于"0"，以保证测量的准确度。

在测量含有电感的电阻器电阻时（如电机、变压器），必须先按"B"按钮，然后再按"G"按钮。如果先按"G"按钮，再按"B"按钮，就会在按"B"按钮的一瞬间，因自感而引起逆电势对检流计产生冲击，导致损坏检流计。断开时，应先放开"G"按钮，再放开"B"按钮。

电桥使用完毕后，应切断电源。

附录8　标准电池

标准电池是电学测量中常用的电压基准源和电动势标准器。这种电池的电动势极其稳定，可以准确地掌握电动势与温度的关系，不产生化学副反应，几乎没有极化作用，并且它的内阻在相当大的程度上不随时间变化。

标准电池的结构如图 F.8.1 所示。电池密封在 H 型的玻璃管内，其两极为汞及镉汞剂。铂丝和两电极接触，作为两极的引出线。汞上放有硫酸镉和硫酸亚汞的混合物用作去极化剂。电池的电解液为硫酸镉溶液，按电解液的浓度又分为饱和式和不饱和式两种。饱和式标准电池的电动势最为稳定，但

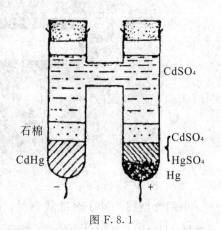

图 F.8.1

电动势随温度变化比较显著。若已知 20℃时的电动势为 E_{20}，则 t℃时的电动势按下式进行修正（单位为 V），即

$$E_S = E_{20} - 39.9 \times 10^{-6}(t-20) - 0.94 \times 10^{-6}(t-20)^2 + 0.009 \times 10^{-6}(t-20)^3$$

一般来说，饱和式标准电池的内阻为 500 Ω～1000 Ω，它在 20 ℃时的电动势为 1.018 55 V～1.018 68 V。对于非饱和式标准电池，其稳定性要比饱和式标准电池低得多。

但其优点是内阻较小(不大于 600 Ω),温度系数很小。在 10 ℃～40 ℃范围内,温度每变化 1 ℃,非饱和式标准电池电动势的变化不超过 15 μV,故一般使用时可以不作温度修正。

标准电池电动势的准确度和稳定度与使用情况和维护有很大关系,在使用和存放时必须遵守下列几点:

(1) 使用和存放地点的温度和湿度应符合标准电池说明书的要求,同时温度的波动应该尽量小些。

(2) 应防止阳光照射及其他光源、热源、冷源的直接作用。

(3) 不能过载。一般标准电池通过的电流(包括充电电流和放电电流)不得超过 1 μA,严禁用伏特计或万用表等直接测量其端电压。

(4) 不应摇晃或强烈震动,严禁翻倒。

附录 9　SX 型交流毫伏表使用说明

交流毫伏表用于测量交流电压,测量范围为 100 μV～300 V,其频率范围为 20 Hz～1 MHz。电压刻度指示为正弦电压有效值。

1. 面板介绍

SX 型交流毫伏表面板如图 F.9.1 所示。仪器面板各部分的作用及表头刻度介绍如下:

(1) 量程选择开关。量程选择开关用以选择仪器的测量量程,共有 11 挡。量程中的分贝数可用于仪器作电平表时读取分贝数。

(2) 输入端采用同轴电缆线作为被测电压的输入引线。在接入被测电压时,被测电路的公共地端应与毫伏表输入端同轴电缆的屏蔽线相连接。

(3) 表头刻度。表头上有 3 条刻度线,供测量时读数之用。第一条是 0～10 刻度线,共 1 mV、10 mV、0.1 V、1 V、10 V 五挡量程读数刻度;第二条为 0～3 刻度线,共 3 rev、30 mV、0.3 V、3 V、30 V、300 V 六挡量程读数刻度;第三条为 −12 dB～+2 dB 刻度线,

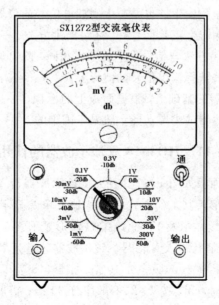

图 F.9.1

可用作电平表时的分贝(dB)读数刻度。

(4) 电源开关和指示灯。交流毫伏表必须接通电源才能进行工作。接通电源开关，指示灯亮，待电表指针摆动数次至稳定，再经校正后，即可进行测量。

2. 使用方法

(1) 仪器应垂直放置(仪器面板与地而垂直)。在接通电源之前应调整表头的机械零点，使电表指示在零位(机械零点并不需要经常调整)。

(2) 接通电源，输入端短接，用调零旋钮校正零点。

(3) 根据被测信号的大约数值，选择适当量程。在未知被测电压大约数值的情况下，可先选大最程进行测试，然后再逐步细调所选量程。一般选量程时，应符合使电表指示为满刻度 2/3 以上为佳。

(4) 接电路时，被测电路的公共地端应与毫伏表的接地线相连。连接时先接地线，然后接另一端，测量完毕，先断开不接地的一端，然后断开地线，以避免在较高灵敏度挡级(毫伏挡)时，因人手触及输入端而损坏仪表针。

(5) 根据量程选择开关的位置，取相应的指示刻度线读数。当 SX 型交流毫伏表作电平表使用时，被测点的实际电平分贝数为表头指示分贝数与量程选择开关所示的电平分贝数的代数和。

3. 注意事项

(1) 所测交流电压的直流分量不得大于 300 V。

(2) 用 SX 型交流毫伏表测量市电时，相线接输入端，中线接地，不应接反。测量36 V 以上电压时，注意机壳带电。

(3) 由于仪器灵敏度较高，使用时必须正确选择接地点，以免造成错误测试。

附录 10   函数发生器简介

与信号发生器相似，函数发生器也是产生周期电信号的仪器。信号发生器一般只产生正弦信号，而函数发生器除产生正弦信号外，还可产生方波、三角波、锯齿波、脉冲波等周期信号。函数发生器的使用方法与信号发生器基本相同，除可调节输出信号的频率和电压外，还可以通过相应的开关选择输出信号的波形。

在学会使用信号发生器的基础上，根据面板上的标识，一边调试，一边通过示波器进行观察，学会使用函数发生器的主要功能一般是不困难的。

附录 11   HH4310 双踪示波器的使用简介

HH4310 双踪示波器面板如图 F.11.1 所示，该示波器有 Y_1 和 Y_2 两个输入通道，可同时显示两个输入信号波形。其工作方式有：Y_1 输入单踪显示、Y_2 输入单踪显示、Y_1 和 Y_2 同时输入交替显示、断续显示及 Y_1 和 Y_2 合成波形显示共 5 种方式。当仪器需要 X–Y 显示时，X 信号由 Y_1 输入插孔输入 X 信号。该示波器通道频率带宽为 20 MHz，偏转因数为 5 mV/cm～5 V/cm，按 1、2、5 顺序分 10 挡；扩展×5 为 1 mV/cm～1 V/cm。扫描时间因数为 0.2 μs/cm～0.5 s/cm，按 1、2、5 顺序分 20 挡；扩展倍率为 ×10。最大输入电压为 400V(DC+AC)。

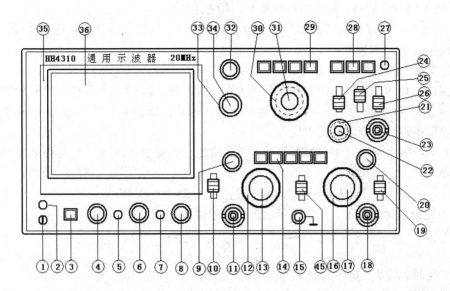

图 F.11.1

HH4310 双踪示波器的基本使用方法如下所述：

（1）使用前应检查仪器，按表 3.9.3 所示设置仪器的开关及控制旋钮（或按键）。

表 3.9.3

项目	代号	位置设置	项目	代号	位置设置
电源	3	断开位置	触发源	26	内
辉度	4	相当时钟 3 点位置	耦合	25	AC
聚焦	6	中间位置	极性	24	+
标尺亮度	8	逆时针旋转到底	电平	22	逆时针旋转到底
Y 方式	14	Y_1	释抑	21	逆时针旋转到底
↕位移	9，20	中间位置，推进去	扫描方式	28	自动
V/cm	12，16	10 mV/cm	X 方式	29	
微调	13，17	顺时针旋转到底，推进去	T/cm	30	0.5 ms/cm
AC‑⊥‑DC	10，19	⊥	微调	31	顺时针旋转到底，推进去
内触发	45	Y_1	↔位移	32	中间位置

（2）把电源线接到交流电源上，然后按下列步骤操作：

① 闭合电源开关，电源指示灯亮，约 20 s 后，示波管屏幕上将出现一条扫线，若1 min 左右仍未出现，则应按上表再检查各开关及旋钮位置。

② 调节"辉度"和"聚焦"旋钮，使扫线亮度适当，且最为清晰。

③ 调节 Y_1"位移"旋钮和光迹旋钮电位器（用起子调节），使扫线与水平刻线平行。

④ 连接探极（10：1，供给的附件）到 Y_1 输入端，将 $0.5U_{p-p}$ 校准信号加到探头上。

⑤ 将 AC‑⊥‑DC 开关置"AC"，在示波管屏幕上应显示一条方波波形。

⑥ 为便于观察信号，调节"V/cm"和"t/cm"开关到适当位置，使显示出来的波形幅度和周期都适中。

⑦ 调节"聚焦"旋钮，使波形达到最清晰的程度。

⑧ 调节"↕"位移和"↔"位移控制旋钮于适当位置，使显示的波形对准刻度线，以便于读出电压值(U_{p-p})和周期(T)。

(3) 交流电压值 U_{p-p} 的测量。

测量交流电压值时，应将输入耦合开关置于"AC"位置，读出信号波形波峰到波谷在屏幕上的垂直距离(单位为 cm)，然后根据通道偏转因素挡级"V/cm"的读数及探头的衰减因素，三者乘积则为被测信号的电压值。

例如，设探头为 10∶1 的衰减探头，通道偏转因素置于 0.05 处，测得信号峰到峰之间的轴距离为 2.5 cm，则

$$U_{p-p}=0.05 \text{ V/cm} \times 2.5 \text{ cm} \times 10 = 1.25 \text{ V}$$

若上述信号为正弦波，则该信号电压的有效值为

$$U_{有效}=\frac{U_{p-p}}{2\sqrt{2}}=0.44 \text{ V}$$

(4) 时间、周期、频率的测量。

① 测量某一信号两点间的时间，只要在示波管有效范围内读出这两点在水平方向的距离(单位当 cm)，乘以"t/cm"开关的示值即可。

② 测量某一信号的周期，只要在示波管有效范围内读出该信号一个周期两点在水平方向的距离(单位当 cm)，乘以"t/cm"开关的示值即可。

③ 信号频率测量的基础是周期测量，因为 $f=1/T$。

附录 12　圆刻度盘的偏心差

用圆刻度盘测量角度时，为了消除圆刻度盘的偏心差，必须由相差 180°的两个游标分别读数。众所周知，圆刻度盘是绕仪器主轴转动的，由于仪器制造时不容易做到圆刻度盘中心准确无误地与主轴重合，这就不可避免地会产生偏心差。圆刻度盘上的刻度均匀地刻在圆周上，当圆刻度盘中心与主轴重合时，由相差 180°的两个游标读出的转角刻度数值相等。而当圆刻度盘偏心时，由两个游标读出的转角刻度数值则不相等。所以，如果只用一个游标读数就会出现系统误差。

附录 13　实验报告示例——单摆的研究

【实验目的】

研究单摆振动周期与摆长的关系。

【实验原理】

单摆的运动在摆角很小时(小于 5°)可以看成是简谐振动，振动周期 T 与摆锤重心到悬挂点的距离 l 以及实验处的重力加速度 g 有以下关系：

$$T^2=\frac{4\pi^2 l}{g}$$

本实验研究 T 与 l 的关系。

【实验仪器】

本实验用到的实验仪器有：单摆、卷尺、停表。

【实验内容】

（1）测量 8 种不同摆长单摆的振动周期，每种摆长测量 5 次，每次测 20 个周期的时间，然后分别求出每种摆长下单摆振动周期的平均值。

（2）以摆长 l 为横坐标，振动周期 T 的平方为纵坐标作图，并分析实验结果。

【实验数据及数据处理】

（1）单摆摆长与周期的关系实验数据如表 F. 13.1 所示。

表 F. 13.1

l/m	0.300	0.400	0.500	0.600	0.700	0.800	0.900	1.000
	22.25	25.38	28.40	31.11	33.61	35.98	38.10	40.19
	22.28	25.40	28.44	30.92	33.67	35.88	38.25	40.27
$20T/s$	22.19	25.20	28.30	30.98	33.58	35.80	38.20	40.09
	22.20	25.29	28.36	31.09	33.50	35.91	38.09	40.25
	22.18	25.43	28.40	30.90	33.64	35.93	38.26	40.20
$\overline{T}/s$	1.111	1.267	1.419	1.550	1.680	1.795	1.909	2.010

（2）摆长 l 与周期平方 T^2 关系图（见图 F. 13.1）。

根据 l-T^2 关系图可以看出，l 与 T^2 呈线性关系，与实验原理相符合。

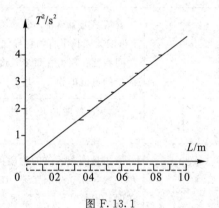

图 F. 13.1

【习题】

实验对单摆的摆角有什么要求？为什么？

答：本实验要求单摆的摆角很小，这是由于在同样摆长的情况下，单摆的振动周期与摆角有关，其一级近似公式为

$$T(\theta) = 2\pi \sqrt{\frac{l}{g}} \left(1 + \frac{1}{4} \sin^2 \frac{\theta}{2} \right)$$

只有当摆角 θ 很小时，第二项方可忽略，公式可改写为

$$T^2 = \frac{4\pi^2 l}{g}$$

因此实验时要求单摆的摆角要小。

附录 14 中华人民共和国法定计量单位

我国的法定计量单位由以下几个部分组成：

（1）单位制的基本单位（见表 F.14.1）。

（2）国际单位制的辅助单位（见表 F.14.2）。

（3）国际单位制中具有专门名称的导出单位（见表 F.14.3）。

（4）国家选定的非国际单位制单位（见表 F.14.4）。

（5）由词头和以上单位所构成的十进倍数或分数单位词头（见表 F.14.5）。

此外，由国际单位制单位及国家选定的非国际单位制单位构成的组合形式单位也属合法单位。

表 F.14.1

量的名称	单位名称	单位符号	定　义
长度	米	m	米等于光在真空中 299792458 分之一秒时间间隔内所经路径的长度
质量	千克（公斤）	kg	千克是质量单位，等于国际千克原器的质量
时间	秒	s	秒是铯 133 原子基态的两个超精细能级之间跃迁所对应的辐射的 9192631770 个周期的持续时间
电流	安［培］	A	安培是电流单位。在真空中截面积可忽略的两根相距 1 米的无限长平行圆直导线内通以等量恒定电流时，若导线间相互作用力在每米长度上为 2×10^{-7} 牛顿时，每根导线中的电流即为 1 安培
热力学温度	开［尔文］	K	热力学温度单位开尔文是水三相点热力学温度的 1/273.16
物质的量	摩［尔］	mol	摩尔是一个系统的物质的量，该系统中所包含的基本单元数与 0.012 千克碳 - 12 的原子数目相等。在使用摩尔时，基本单元应予指明，可以是原子、分子、离子、电子及其他粒子，或是这些粒子的特定组合
发光强度	坎［德拉］	cd	坎德拉是一光源在给定方向上的发光强度，该光源发出频率为 540×10^{12} 赫兹的单色辐射，且在此方向上的辐射强度为 1/683 瓦特每球面度

表 F.14.2

量的名称	单位名称	单位符号	定　义
平面角	弧度	rad	弧度是一圆内两条半径之间的平面角，这两条半径在圆周上截取的弧长与半径相等
立体角	球面度	sr	球面度是一立体角，其顶点位于球心，而它在球面上所截取的面积等于以球半径为边长的正方形面积

表 F. 14. 3

量的名称	单位名称	单位符号	用 SI 基本单位的表示式	其他表示式
频率	赫[兹]	Hz	s^{-1}	
力，重力	牛[顿]	N	$m \cdot kg \cdot s^{-2}$	
压力，压强，应力	帕[斯卡]	Pa	$m^{-1} \cdot kg \cdot s^{-2}$	N/m^2
能[量]，功，热量	焦[耳]	J	$m^2 \cdot kg \cdot s^{-2}$	$N \cdot m$
功率，辐[射能]通量	瓦[特]	W	$m^2 \cdot kg \cdot s^{-3}$	J/s
电荷[量]	库[仑]	C	$s \cdot A$	
电压，电动势，（电势）	伏[特]	V	$m^2 \cdot kg \cdot s^{-3} \cdot A^{-1}$	W/A
电容	法[拉]	F	$m^{-2} \cdot kg^{-1} \cdot s^4 \cdot A^2$	C/V
电阻	欧[姆]	Ω	$m^2 \cdot kg \cdot s^{-3} \cdot A^{-2}$	V/A
电导	西[门子]	S	$m^{-2} \cdot kg^{-1} \cdot s^3 \cdot A^2$	A/V
磁通[量]	韦[伯]	Wb	$m^2 \cdot kg \cdot s^{-2} \cdot A^{-1}$	$V \cdot s$
磁通[量]密度，磁感应强度	特[斯拉]	T	$kg \cdot s^{-2} \cdot A^{-1}$	Wb/m^2
电感	亨[利]	H	$m^2 \cdot kg \cdot s^{-2} \cdot A^{-2}$	Wb/A
摄氏温度	摄氏度	℃	K	
光通量	流[明]	lm	$cd \cdot sr$	
光照度	勒[克斯]	lx	$m^{-2} \cdot cd \cdot sr$	lm/m^2
[放射性]活度	贝可[勒尔]	Bq	s^{-1}	
吸收剂量	戈[瑞]	Gy	$m^2 \cdot s^{-2}$	J/kg
剂量当量	希[沃特]	Sv	$m^2 \cdot s^{-2}$	J/kg

表 F. 14. 4

量的名称	单位名称	单位符号	换算关系和说明
时间	分	min	1 min＝60 s
	[小]时	h	1 h＝60 min＝3600 s
	天，（日）	d	1 d＝24 h＝36400 s
[平面]角	[角]秒	(″)	$1''=(\pi/648000)rad$（π 为圆周率）
	[角]分	(′)	$1'=60''=(\pi/10800)rad$
	度	(°)	$1°=60'=(\pi/180)rad$
旋转速度	转每分	r/min	$1\ r/min=(1/60)s^{-1}$
长度	海里	n mile	1 n mile＝1852m（只用于航程）
速度	节	kn	1 kn＝1 n mile/h＝(1852/3600)m/s（只用于航程）

续表

量的名称	单位名称	单位符号	换算关系和说明
质量	吨 原子质量单位	t u	$1t=10^3 kg$ $1u \approx 1.6605402 \times 10^{-27} kg$
体积，容积	升	L，(l)	$1L=1dm^3=10^{-3} m^3$
能	电子伏	eV	$1eV \approx 1.60217733 \times 10^{-19} J$
级差	分贝	dB	
线密度	特[克斯]	tex	$1tex=10^{-6} kg/m$

表 F.14.5

所表示的因数	词头名称	词头符号	所表示的因数	词头名称	词头符号
10^{18}	艾[可萨]	E	10^{-1}	分	d
10^{15}	拍[它]	P	10^{-2}	厘	c
10^{12}	太[拉]	T	10^{-3}	毫	m
10^9	吉[咖]	G	10^{-6}	微	μ
10^6	兆	M	10^{-9}	纳[诺]	n
10^3	千	k	10^{-12}	皮[可]	p
10^2	百	h	10^{-15}	飞[母托]	f
10^1	十	da	10^{-18}	阿[托]	a

注：10^4 称为万，10^8 称为亿，10^{12} 称为万亿，这类数词的使用不受词头名称的影响，但不应与词头混淆。

附录 15 物 理 量 表

物理量表包括以下几个部分：

(1) 基本物理常量(见表 F.15.1)。

(2) 常见固体的密度(见表 F.15.2)。

(3) 常见液体的密度(见表 F.15.3)。

(4) 水在不同温度下的密度(见表 F.15.4)。

(5) 水银在不同温度下的密度(见表 F.15.5)。

(6) 空气在不同温度、不同压强下的密度(见表 F.15.6)。

(7) 标准大气压下一些元素的熔点和沸点(见表 F.15.7)。

(8) 标准大气压下常见固体的线胀系数 σ(见表 F.15.8)。

(9) 常见固体的弹性模量(见表 F.15.9)。

(10) 不同温度下水与空气接触时的表面张力系数(见表 F.15.10)。

(11) 20℃时与空气接触的液体的表面张力系数(见表 F.15.11)。

(12) 部分液体的黏度系数(见表 F.15.12)。

(13) 不同温度时水的黏度系数(见表 F.15.13)。

（14）部分金属和合金的电阻率及其温度系数（见表 F.15.14）。

（15）一些气体的折射率（见表 F.15.15）。

（16）一些液体的折射率（见表 F.15.16）。

（17）一些晶体及光学玻璃的折射率（见表 F.15.17）。

（18）一些单轴晶体的 n_o 和 n_o（见表 F.15.18）。

（19）一些双轴晶体的光学常数（见表 F.15.19）。

（20）几种纯金属的"红限"波长及脱出功（功函数）（见表 F.15.20）。

（21）光在有机物中偏振面的旋转（见表 F.15.21）。

（22）20℃时 1 毫米厚石英片的旋光率（见表 F.15.22）。

（23）常用光源的谱线波长（见表 F.15.23）。

表 F.15.1

量	符号	数值	单位
真空中的光速	c	2.99792458×10^8	$m \cdot s^{-1}$
真空磁导率	μ_0	$4\pi\times10^{-7}=12.566370614\times10^{-7}$	$H \cdot m^{-1}$
真空电容率	ε_0	$1/(\mu_0 c^2)=8.854187817\times10^{-12}$	$F \cdot m^{-1}$
基元电荷	e	1.60217733×10^{-19}	C
电子静止质量	m_e	9.1093897×10^{-31}	kg
电子荷质比	e/m_e	1.75881962×10^{11}	$C \cdot kg^{-1}$
质子静止质量	m_p	1.6726231×10^{-27}	kg
中子静止质量	m_n	1.6749286×10^{-27}	kg
普朗克常量	h	6.6260755×10^{-34}	$J \cdot s$
	$\bar{h}=h/2\pi$	1.05457266×10^{-34}	$J \cdot s$
阿伏加德罗常量	N_A	6.0221367×10^{23}	mol^{-1}
法拉第常量	F	9.6485309×10^4	$C \cdot mol^{-1}$
里德伯常量 $\left(\frac{1}{2}m_eCa^2/h\right)$	$R\infty$	1.0973731572	m^{-1}
玻尔半径	a_0	5.29177249×10^{-11}	m
摩尔气体常量	R	8.314510	$J \cdot mol^{-1} \cdot K^{-1}$
玻尔兹曼常量	k	1.380658×10^{-23}	$J \cdot K^{-1}$
斯特藩-玻尔兹曼常量 $(\pi^2/60)k^4/h^3c^2$	σ	5.67051×10^{-8}	$W \cdot m^{-2} \cdot K^{-4}$
精细结构常量 $\left(\frac{1}{2}\mu_0 ce^2/h\right)$	a	7.29735308×10^{-3}	
牛顿引力常量	G	6.67259×10^{-11}	$m^3 kg^{-1} s^{-2}$
水三相点	T	273.16	K
水在标准大气压下的冰点		273.15	K

表 F. 15. 2

物质	密度/g·cm⁻³	物质	密度/g·cm⁻³	物质	密度/g·cm⁻³
银	10.492	铅锡合金(7)	10.6	软木	0.22~0.26
金	19.3	磷青铜(8)	8.8	电木板(纸层)	1.32~1.40
铝	2.70	不锈钢(9)	7.91	纸	0.7~1.1
铁	7.86	花岗岩	2.6~2.7	石蜡	0.87~0.94
铜	8.933	大理石	1.52~2.86	蜂蜡	0.96
镍	8.85	玛瑙	2.5~2.8	煤	1.2~1.7
钴	8.71	熔融石英	2.2	石板	2.7~2.9
铬	7.14	玻璃(普通)	2.4~2.6	橡胶	0.91~0.96
铅	11.342	玻璃(冕牌)	2.2~2.6	硬橡胶	1.1~1.4
锡(白、四方)	7.29	玻璃(火石)	2.8~4.5	丙烯树脂	1.182
锌	7.12	瓷器	2.0~2.6	尼龙	1.11
黄铜(1)	8.5~8.7	砂	1.4~1.7	聚乙烯	0.90
青铜(2)	8.78	砖	1.2~2.2	聚苯乙烯	1.056
康铜(3)	8.88	混凝土(10)	2.4	聚氯乙烯	1.2~1.6
硬铝(4)	2.79	沥青	1.04~1.40	冰(0℃)	0.917
德银(5)	8.30	松木	0.52		
殷钢(6)	8.0	竹	0.31~0.40		
(1)Cu70，Zn30			(6)Fe63.8，Ni36，C0.2		
(2)Cu90，Sn10			(7)Pb87.5，Sn12.5		
(3)Cu60，Ni40			(8)Cu79.7.Sn10，Sb9.5，P0.8		
(4)Cu4，Mg0.5，Mn0.5 其余为 Al			(9)Cr18，Ni8，Fe74		
(5)Cu26.3，Zn36.6，Ni36.8			(10)水泥 1，砂 2，碎石 4		

表 F. 15. 3

物质	密度/g·cm⁻³	物质	密度/g·cm⁻³	物质	密度/g·cm⁻³
丙酮	0.791*	甲苯	0.8668*	海水	1.01~1.05
乙醇	0.7893*	重水	1.105*	牛乳	1.03~1.04
甲醇	0.7913*	汽油	0.66~0.75		
苯	0.8790*	柴油	0.85~0.90		
三氯甲烷	1.489*	松节油	0.87		
甘油	1.261*	蓖麻油	0.96~0.97		

注：标有"＊"号者为 20℃时值。

表 F. 15. 4

温度/℃	0	10	20	30	40	50
密度/g·cm^{-3}	0.99984	0.99973	0.99823	0.99568	0.9922	0.9881
温度/℃	60	70	80	90	100	
密度/g·cm^{-3}	0.9832	0.9778	0.9718	0.9653	0.9584	

表 F. 15. 5

温度/℃	0	10	20	30	40	50
密度/g·cm^{-3}	13.5951	13.5705	13.5460	13.5216	13.4971	13.4727
温度/℃	60	70	80	90	100	
密度/g·cm^{-3}	13.4484	13.4241	13.3999	13.3757	13.3517	

表 F. 15. 6

密度/g·cm^{-3} ＼ 温度/℃ 压强/Pa	97 325.3	98 658.5	99 991.8	101 325	102 658.2	103 991.4
0	1.242	1.259	1.276	1.293	1.310	1.327
4	1.224	1.241	1.258	1.274	1.291	1.308
8	1.207	1.223	1.240	1.256	1.273	1.289
12	1.190	1.206	1.222	1.238	1.255	1.271
16	1.173	1.189	1.205	1.221	1.237	1.253
20	1.157	1.173	1.189	1.205	1.220	1.236
24	1.141	1.157	1.173	1.188	1.204	1.220
28	1.126	1.142	1.157	1.173	1.188	1.203

表 F. 15. 7

元素	熔点/℃	沸点/℃	元素	熔点/℃	沸点/℃
铜	1084.5	2580	金	1064.43	2710
铁	1535	2754	银	961.93	2184
镍	1455	2731	锡	231.97	2270
铬	1890	2212	铅	327.5	1750
铝	660.4	2486	汞	−38.86	356.72
锌	419.58	903			

表 F. 15. 8

物质	温度/℃	线胀系数(×10⁻⁶)	物质	温度/℃	线胀系数(×10⁻⁶)
金	20	14.2	碳素钢	—	约11
银	20	19.0	不锈钢	20～100	16.0
铜	20	16.7	镍铬合金	100	13.0
铁	20	11.8	石英玻璃	20～100	0.4
锡	20	21	玻璃	0～300	8～10
铅	20	28.7	陶瓷		3～6
铝	20	23.0	大理石	25～100	5～16
镍	20	12.8	花岗岩	20	8.3
黄铜	20	18～19	混凝土	−13～21	6.8～12.7
殷钢	−250～100	−1.5～2.0	木材(平行纤维)	—	3～5
锰铜	20～100	18.1	木材(垂直纤维)		35～60
磷青铜	—	17	电木板		21～33
镍钢(Ni10)	—	13	橡胶	16.7～25.3	77
镍钢(Ni43)	—	7.9	硬橡胶	—	50～80
石蜡	16～38	130.3	冰	−50	45.6
聚乙烯	—	180	冰	−100	33.9
冰	0	52.7			

表 F. 15. 9

名称	杨氏模量 $\dfrac{E}{[10^{10}\,\mathrm{N \cdot m^{-2}}]}$	切变模量 $\dfrac{G}{[10^{10}\,\mathrm{N \cdot m^{-2}}]}$	泊松比
金	8.1	2.85	0.42
银	8.27	3.03	0.38
铂	16.8	6.4	0.30
铜	12.9	4.8	0.37
铁(软)	21.19	8.16	0.29
铁(铸)	15.2	6.0	0.27
铁(钢)	20.1～21.6	7.8～8.4	0.28～0.30
铝	7.03	2.4～2.6	0.355
锌	10.5	4.2	0.25
铅	1.6	0.54	0.43

名称	杨氏模量 $\dfrac{E}{[10^{10}\,\mathrm{N\cdot m^{-2}}]}$	切变模量 $\dfrac{G}{[10^{10}\,\mathrm{N\cdot m^{-2}}]}$	泊松比
锡	5.0	1.84	0.34
镍	21.4	8.0	0.336
硬铝	7.14	2.67	0.335
磷青铜	12.0	4.36	0.38
不锈钢	19.7	7.57	0.30
黄铜	10.5	3.8	0.374
康铜	16.2	6.1	0.33
熔融石英	7.31	3.12	0.170
玻璃(冕牌)	7.1	2.9	0.22
玻璃(火石)	8.0	3.2	0.27
尼龙	0.35	0.122	0.4
聚乙烯	0.077	0.026	0.46
聚苯乙烯	0.36	0.133	0.35
橡胶(弹性)	$(1.5\sim5)\times10^{-4}$	$(5\sim15)\times10^{-5}$	$0.46\sim0.49$

表 F. 15. 10

水的温度/℃ 表面张力系数 $\sigma/(10^{-3}\mathrm{N/m})$	0	1	2	3	4	5	6	7	8	9
0	75.64	75.50	75.36	75.21	75.07	74.93	74.79	74.65	74.50	74.36
10	74.22	74.07	73.93	73.78	73.63	73.49	73.34	73.19	73.04	72.90
20	72.75	72.59	72.44	72.28	72.12	71.97	71.81	71.65	71.49	71.34
30	71.18	71.02	70.86	70.69	70.53	70.37	70.21	70.05	69.88	69.72

表 F. 15. 11

液体	表面张力系数 $\sigma/(10^{-3}\mathrm{N/m})$	液体	表面张力系数 $\sigma/(10^{-3}\mathrm{N/m})$
石油	30	蓖麻油	36.4
煤油	24	甘油	63
松节油	28.8	水银	513
水	72.75	甲醇(0℃时)	24.5
肥皂溶液	40	乙醇(0℃时)	24.1
弗利昂-12	90	(60℃时)	18.4

表 F.15.12

黏度系数 /mPa·s 物质 \ 温度/℃	0	10	20	50	100
苯胺	10.2	6.5	4.40	1.80	0.80
丙酮	0.395	0.356	0.322	0.246	—
苯	0.91	0.76	0.65	0.436	0.261
溴	1.253	1.107	0.992	0.746	
水	1.787	1.304	1.002	0.548	0.284
甘油	12100	3950	1499	—	—
醋酸	—	—	1.22	0.74	0.46
蓖麻油	—	2420	986	—	16.9
硝基苯	3.09	2.46	2.01	1.24	0.70
戊烷	0.283	0.254	0.229	—	
汞	1.685	1.615	1.554	1.407	1.240
二硫化碳	0.433	0.396	0.366	—	
硅酮	201	135	99.1	47.6	21.5
甲醇	0.817	0.68	0.584	0.396	
乙醇	1.78	1.41	1.19	0.701	0.326
甲苯	0.768	0.667	0.586	0.420	0.271
四氯化碳	1.35	1.13	0.97	0.65	0.387
氯仿	0.70	0.63	0.57	0.426	—
乙醚	0.296	0.268	0.243	—	0.118
松节油	—	—	1.49	—	—

表 F.15.13   [单位:mPa·s]

温度/℃	0	1	2	3	4	5	6	7	8	9
0	1.787	1.728	1.671	1.618	1.567	1.519	1.472	1.428	1.386	1.316
10	1.307	1.271	1.235	1.202	1.169	1.139	1.109	1.081	1.053	1.027
20	1.002	0.978	0.955	0.932	0.911	0.890	0.870	0.851	0.833	0.815
30	0.798	0.781	0.765	0.749	0.734	0.719	0.705	0.691	0.678	0.665

表 F.15.14

金属或合金	电阻率/$\mu\Omega \cdot m$	温度系数/($^\circ C^{-1}$)
铝	0.028	42×10^{-4}
铜	0.0172	43×10^{-4}
银	0.016	40×10^{-4}
金	0.024	40×10^{-4}
铁	0.098	60×10^{-4}
铅	0.205	37×10^{-4}
铂	0.105	39×10^{-4}
钨	0.055	48×10^{-4}
锌	0.059	42×10^{-4}
锡	0.12	44×10^{-4}
水银	0.958	10×10^{-4}
武德合金	0.52	37×10^{-4}
钢(0.10～0.15％碳)	0.10～0.14	6×10^{-3}
康铜	0.47～0.51	$(-0.04\sim+0.01)\times10^{-3}$
铜锰镍合金	0.34～1.00	$(-0.03\sim+0.02)\times10^{-3}$
镍铬合金	0.98～1.10	$(0.03\sim0.04)\times10^{-3}$

说明：电阻率跟金属中的杂质有关，因此表中列出的只是20℃时电阻率的平均值。

表 F.15.15

物质名称	折射率	物质名称	折射率
空气	1.000 292 6	水蒸气	1.000 254
氢气	1.000 132	二氧化碳	1.000 488
氮气	1.000 296	甲烷	1.000 444
氧气	1.000 271		

表 F.15.16

物质名称	温度/℃	折射率	物质名称	温度/℃	折射率
水	20	1.3330	丙酮	20	1.3591
乙醇	20	1.3614	二硫化碳	18	1.6255
甲醇	20	1.3288	三氯甲烷	20	1.446
苯	20	1.5011	甘油	20	1.474
乙醚	22	1.3510	加拿大树胶	20	1.530

表 F.15.17

物质名称	折射率	物质名称	折射率
溶凝石英	1.458 43	重冕玻璃 ZK6	1.612 60
氯化钠(NaCl)	1.544 27	重冕玻璃 ZK8	1.614 00
氯化钾(KCl)	1.490 44	钡冕玻璃 BaK2	1.539 90
萤石(CaF2)	1.433 81	火石玻璃 F8	1.605 51
冕牌玻璃 K6	1.511 10	重火石玻璃 Zfi	1.647 50
冕牌玻璃 K8	1.515 90	重火石玻璃 ZF6	1.755 00
冕牌玻璃 K9	1.516 30	钡火石玻璃 BaF8	1.625 90

表 F.15.18

物质名称	n_o	n_e
方解石	1.6584	1.4864
晶态石英	1.5442	1.5533
电石	1.669	1.638
硝酸钠	1.5874	1.3361

表 F.15.19

物质名称	n_α	n_β	n_γ
云母	1.5601	1.5936	1.5977
蔗糖	1.5397	1.5667	1.5716
酒石酸	1.4953	1.5353	1.6046
硝酸钾	1.3346	1.5056	1.5061

表 F.15.20

金属	λ_0/nm	W/eV	金属	λ_0/nm	W/eV
钾(K)	550.0	2.2	汞(Hg)	273.5	4.5
钠(Na)	540.0	2.4	金(Au)	265.0	5.1
锂(Li)	500.0	2.4	铁(Fe)	262.0	4.5
铯(Cs)	460.0	1.8	银(Ag)	261.0	4.0

表 F.15.21

旋光物质溶剂、浓度	波长/nm	[ρ]	旋光物质溶剂、浓度	波长/nm	[ρ]
葡萄糖+水	447.0	96.62	酒石酸+水	350.0	−16.8
$c=5.5$	479.0	83.88	$c=28.62$	400.0	−6.0
($t=20$℃)	508.0	73.61	($t=18$℃)	450.0	+6.6
	535.0	65.35		500.0	+7.5
	589.0	52.76		550.0	+8.4
	656.0	41.89		589.0	+9.82
蔗糖+水	404.7	152.80	樟脑+乙醇	350.0	378.3
$c=26$	435.8	128.80	$c=34.70$	400.0	158.6
($t=20$℃)	480.0	103.05	($t=19$℃)	450.0	109.80
	520.9	86.80		500.0	81.70
	589.3	66.52		550.0	62.0
	670.8	50.45		589.0	52.4

说明：表中给出旋光率为 $[\rho]=\dfrac{\phi\times100}{lc}$。式中，$\phi$ 表示温度为 t℃时在所给溶液中振动面的旋转角；l 表示透过光溶解厚度，以分米为单位；而 c 为溶液的浓度，即在 $100\ cm^3$ 溶液中旋光性物质的克数。

表 F. 15. 22

波长/nm	344.1	372.6	404.7	435.9	491.6	508.6	589.3	656.3	670.8
旋光率 ρ	70.59	58.86	48.93	41.54	31.98	29.72	21.72	17.32	16.54

表 F. 15. 23

元素	波长/nm	颜色	元素	波长/nm	颜色	元素	波长/nm	颜色
氢(H)	656.28(H_α)	红	氖(Ne)	650.65	红	汞(Hg)	690.75	红
	486.13(H_β)	绿蓝		640.23	红		623.44	红
	434.05(H_γ)	蓝		638.30	红		579.07	黄
	410.17(H_δ)	蓝紫		626.65	红		576.96	黄
	397.01	蓝紫		621.73	橙		546.07	绿
氦(He)	706.52	红		614.31	橙		491.60	绿蓝
	667.82	红		588.19	黄		435.83	蓝
	587.56(D_3)	黄		585.25	黄		407.78	蓝紫
	501.57	绿	镉(Cd)	643.85	红		404.66	蓝紫
	492.19	绿蓝		609.92	红	He—Ne 激光	632.8	红
	471.31	蓝		508.58	绿	氩离子 激光	514.53	绿
	447.15	蓝		479.99	蓝		487.99	绿蓝
	402.62	蓝紫		467.82	蓝	红宝石 激光	693.4	红
	388.87	蓝紫	钠(Na)	589.592	黄			
				588.995	黄			

参 考 文 献

[1] 杨述武，普通物理实验[M].2 版.北京：高等教育出版社，1992.

[2] 吴泳华，霍剑青，浦其荣.大学物理实验.第一册[M].北京：高等教育出版社，2001.

[3] 谢行恕，康士秀，霍剑青.大学物理实验.第二册[M].北京：高等教育出版社，2005.

[4] 南京师范大学普通物理实验室.普通物理实验教程[M].南京：南京师范大学出版社，1997.

[5] 何捷，陈继康，戴琳.大学物理实验[M].南京：南京师范大学出版社，2010.

[6] 林抒，龚镇雄.普通物理实验[M].北京：人民教育出版社，1981.

[7] 沈元华，陆申龙.基础物理实验[M].北京：高等教育出版社，2003.

[8] 刘柯林，于瑶，朱育群.大学物理实验教程[M],南京：南京大学出版社，2012.

[9] 赵凯华，陈熙谋.新概念物理教程：电磁学[M].2 版.北京：高等教育出版社，2006.